沉默、勇敢、无私、奉献……农民工兄弟们，我们最可爱的人，你们的安全是我们最大的心愿！

现代农民工日常安全教育手册

安全第一，生命大于一切！

李甜凤　梁晓辉◎编著

XIANDAI NONGMINGONG RICHANG ANQUAN JIAOYU SHOUCE

安全工作没有终点，只有起点，珍惜生命，杜绝违章！

安全在我心中，生命在我手中，与安全同行，让幸福永驻！

中国言实出版社

图书在版编目(CIP)数据

现代农民工日常安全教育手册/李甜凤，梁晓辉编著. — 北京:中国言实出版社，2013.8
ISBN 978-7-5171-0179-6

Ⅰ. ①现… Ⅱ. ①李…②梁… Ⅲ. ①民工-安全生产-安全教育-手册 Ⅳ. ①X925-62

中国版本图书馆 CIP 数据核字(2013)第 178732 号

责任编辑:李　生　孙法平

出版发行　中国言实出版社

地　址:北京市朝阳区北苑路 180 号加利大厦 5 号楼 105 室

邮　编:100101

电　话:64966717(发行部)　51147960(邮　购)

64924853(总编室)　64963106(二编部)

网　址:www.zgyscbs.cn

E-mail:zgyscbs@263.net

经　销　新华书店

印　刷　北京市德美印刷厂

版　次　2013 年 9 月第 1 版　2013 年 9 月第 1 次印刷

规　格　710 毫米×1000 毫米　1/16　13.25 印张

字　数　173 千字

定　价　30.00 元　ISBN 978-7-5171-0179-6

前言

顾名思义，农民工来自农村。农民工是我国工业化、城镇化进程中涌现出的一支新型劳动大军，是推动我国社会经济发展的重要力量。但农民工由于安全意识薄弱和安全素质较差，违反安全规程作业、违反劳动纪律的情况比较普遍，不安全行为和不安全状态比较突出，因而，提高农民工安全意识已经成为当前保护农民工生命安全、降低事故发生率、促进全社会和谐发展的一项紧迫任务。

加强农民工的安全教育、提高农民工安全意识不仅关乎一个社会的公平原则，而且关乎一个国家的长远发展。安全是一切工作的基石。安全工作着眼于人的安全健康，立足于减少伤亡事故，坚持安全发展是以人为本的具体体现，是贯彻科学发展观、构建社会主义和谐社会的必然要求。提高农民工的安全意识和自我防范能力是安全工作的灵魂。国家经济的发展离不开农民工，国家的财富积累绝不能以牺牲农民工的健康和生命为代价。

生命对于每个人来说只有一次，注重安全是对每个人的起码要求，我们农民工应该像珍惜生命一样重视安全，牢固树立“一举一动都要以安全为准绳”的观念。安全就是生命，安全就是效益，安全就是员工的收入保证，唯有安全生产这个环节不出差错，我们的企业才能去争取更好的成绩，大家才可以追求更好的生活。否则，皮之不存，毛将焉附？所以说，没有安全就没有一切，保证安全就是在保证幸福。

安全的重要意义在于生产设备的稳定运行，更在于国家安危和人民生命财产的安全。不讲安全，哪怕是轻轻地一碰，就能使设备顷刻瘫痪；不讲安全，哪怕只是一个小小的意念，就能让操作中的生命处于危险。每个人都有一份工作，每个人都应提高岗位安全意识，用行动来兑现“我的岗位我负责，我在岗位你放心”这个对企业和单位最慎重的承诺。在岗一分钟，安全六十秒，我们每个农民工都应该做到这一点。我们的岗位，需要的是一份安全责任。我们农民工不需要血的代价换来血的教训，那是对生命的漠视与亵渎。安全最重要的是防患于未然，“千里之堤，溃于蚁穴”，这就需要每一名农民工要未雨绸缪，从自我做起，牢固树立安全的意识，对自己的日常安全负责。现代农民工日常安全没有及格，只有满分。千万不能存在侥幸心理，认为无所谓，多少年都没有发生安全事故。没发生，并不代表不会发生，也不代表安全都做到位了。只要存在安全隐患，它就有可能发生，只是时间长短的问题。因此，每个人都要把安全牢记于心，让安全的弦始终绷紧。

为了和谐社会的构建，为了企业的快速发展，为了幸福美满的家庭，为了你，为了我，为了大家，让我们农民工与安全携手前行。为此，我们特地编写了本书，全书内容通俗易懂，贴近农民工需要，对安全常识、安全制度、安全责任、安全技能、安全防护以及生活安全等方面进行了清晰的说明，便于农民工掌握，从而保障自身的日常安全，希望对广大农民工朋友有所助益。

第一章 学习安全知识,提高自身安全素质

安全知识是安全行为及安全技能的基础。只有知道什么是安全,才能做到安全。否则,淡薄的安全知识,会酿成烈性的事故苦酒。因此,认真学习安全知识,进行岗前培训与在岗培训是农民工提高安全水平的重要环节。只有这样,安全才有基本的保障。

第二章 增强安全意识,规范日常安全行为

安全意识不强,必将酿成安全事故。这是谁都不能否认的事实。加强农民工的安全教育培训,提高农民工的安全意识和自我防范能力是企业安全工作的灵魂,是降低安全事故率、促进

企业安全发展、构建和谐社会的关键所在。

第三章 落实安全责任,对安全负责才是对生命负责

安全靠责任。责任是安全的屏障,负责是每个人应有的品质。在工作中,每个人都应用行动来兑现“我的岗位我负责,我在岗位你放心”这个对企业和单位最慎重的承诺。在日常的生活工作中,只有把安全责任落实到每一个行为中,安全才不受威胁。

第四章 严守安全规章,养成遵章守纪的好习惯

规章是安全的保障,安全规章制度都是在无数次安全生产事故后用血来书写的,它的制定为的就是让这些血的事件不再重演,保证生产者安然无恙,企业平安顺利。因此,要切实搞好安全生产,就必须做到事事讲规章、时时守制度,只有这样,才能预防和避免事故的发生,才能保护我们农民工的安全。

第五章 提高安全技能,娴熟的技能是安全的“护身符”

安全技能直接关系着岗位的安全,提高安全技能既是保证企业安全的需要,也是保证我们农民工自己安全的需要。拥有过人的专业技能是安全的必要条件。农民工进行技能培训,既是提高个人能力的直接手段,也是农民工进城获得就业机会的重要保障。

第六章 做好安全细节,不要让细节成为安全的漏洞

细节很琐碎、很不起眼,关键是脑子里面要有这个意识,要引起重视。日常安全就体现在工作中的细微小事之中,一件小事的失误,一个细节的疏忽,会造成前功尽弃、满盘皆输甚至出现重大事故的结果。每一位从事安全工作的人都必须抓好安全工作的每一个细节,做好每一件小事。

第七章 杜绝安全事故,把安全隐患扼杀在摇篮之中

任何事物的发展,都有规律可循,安全工作也不例外。把握安全工作薄弱环节,是搞好安全预防事故工作的重点。预防事故关键在于消除隐患。只有深入作业现场,严格检查作业过程中的每道工序、每个细节,不放过任何蛛丝马迹,发现隐患就要落实整改措施,及时消除隐患,把“预防为主”的思想落到实处,才能杜绝安全事故,保障我们的安全。

第八章 规范安全行为,堵住违章行为发生的源头

违章行为为安全事故的发生埋下了伏笔,成为灾难发生的根源。安全工作的极端重要性和艰巨性决定了处在一线的农民工必须保证安全制度执行到位、安全措施落实到位才能有效地保障安全。所以,我们要养成安全好习惯,堵住违章行为发生的源头。

第九章 注重职业防护,健康是做好安全工作的根基

农民工要认识到健康是做好安全工作的根基。健康的身体是幸福之本,也是成功之本。没有健康,一切都是空的。健康不仅属于个人,也属于家庭、属于社会,是人类创造财富的基本生产力。不重视健康,以牺牲健康为代价去赚钱敛财,这实在是一种“短视”的行为。

第十章 警惕身边危险,系好日常生活的安全绳

只有远离危险,才能健康成长。生活中总是充满了未知因素,灾难总是在人们意想不到的时候从天而降,悲欢离合往往就在一瞬间。所以,生活中无处不需要安全,安全是我们的生命线。我们每个人无论是在公司内外,无论是上班下班,都应当担起自己的安全责任,系好日常生活的安全绳。

附 录

第一章

学习安全知识，提高自身安全素质

1. 农民工安全知识贫乏往往易发生事故

我国虽然推行九年义务教育制，但在农村，特别是偏远山区，因受条件限制，九年义务教育的受教育年限和质量远不如城镇。农民工应具备的基础知识相对较差，有的只有小学毕业，有的虽然初中毕业，但知识水平只相当于小学水平。农民工因为没参加岗前培训或岗前培训的实际数量和质量不能保证，基本不具备安全生产应有的知识。往往是在家盖鸡舍、猪圈的，进城后就盖高楼大厦；在家操作农用机具的到工地操作大型机械。因此，农民工的安全知识水平相对缺乏。而安全知识是安全生产的保障，如果安全知识贫乏，我们就不能清楚地知道什么是安全，什么是危险。安全知识既是保障企业安全的需要，也是保障自身安全的需要。因此，每个人都需要不断地补充自己的安全知识，将安全工作做好。

2000 年 9 月某市的一石油化工厂着火，所幸火势不大，没有人员伤亡。原来当晚李某值夜班，李某正在给单井高架火烧罐炉膛内加煤，突然发现原油罐顶闸门有一团明火。李某立即提着灭火器向罐顶冲去，并一边高喊“着火了”。当李某把灭火器提到罐顶时，却发现自己并不会操作它，于是冲向附近队部请求支援。队部的一位工友听到李某的喊声急忙打开灭火器进行灭火，可仍不能把火完全灭掉。闻声赶来的队干部说，这是电热带起火，必须首先关掉电源。火最终被扑灭了，虽然没有造成大的损失，但仍给了我们一个教训：没有安全知识就无法保证岗位安全。

在日常生活和工作中，农民工的安全意识和自我保护能力与其安全知识和经验密切相关，其知识、经验愈充实丰富，发生事故和受到伤害的概率就愈低，而经验不足、安全知识贫乏则往往易发生事故。安全知识是安全行为及安全技能的基础。只有知道什么是安全，怎样做到安全，才能确保安全。否则，农民工淡薄的安全知识，会酿成浓烈的事故苦酒。

2005年5月31日，静宁县建设局房产公司在静宁县城南关2号商品楼维修供热管道施工时，由于临近供暖地沟的污水管道渗漏，污水流入供暖地沟，影响到正常维修施工。施工负责人即指派1名民工到污水接收井疏通管道，中途又指派其他人员接替施工。约10分钟，管道疏通后污水流出，这名民工突然跌入井底；负责人见状急忙下井救人，施救无效也跌入井中，紧接着又有2人相继下井施救，又跌入井中。另有1名施工人员在周围群众的帮助下，下井先后救出2人，由及时赶到的急救人员立即送往静宁县中医院进行抢救。另2人被及时赶来的民警救出，3人经抢救无效死亡，1人中毒严重。

静宁县“5·31”重大中毒事件留给死难者家庭的阴影也许不会很快散去，带给该建筑工程负责人和经历此次事件的民工血的教训也不会轻易淡忘。更是值得我们反思的是，农民工安全知识非常缺乏，连基本的下井通风知识都不知道，才会连续中毒。下井前对井内情况一无所知，也不进行相关检测，越是遇到紧急情况越是疏忽大意；第一人遇难后，后来者不及时采取补救措施，而是前赴后继，一错再错；我们在为农民工舍身救同伴的大无畏的精神感动的同时，也不能不为他们的缺乏安全知识而痛心。

随着我国农业、农民、农村向着现代化生产的转型，经济社会发展步伐的不断加快以及工业化、城镇化等基础设施建设力度不断加大，越来越多的农民投身到社会各行各业的建设中。“截流莫如穷源”,为了杜绝和预防安全事故的发生,学习安全知识已经是刻不容缓的事情。在安全生产教育培训中学到的基本安全知识,会潜移默化地提高其自身的安全意识和自我保护意识,防止事故的发生。

2000年6月30日8时5分,江门市土出高级烟花厂发生特大爆炸事故,死亡37人,重伤12人;损毁厂房、民房、仓库10200平方米和一批设备、原材料,直接经济损失3000万元人民币。

江门市土出高级烟花厂位于该市江海区外海镇麻一管理区、距市中心约5km的山坳里,占地面积2万平方米,建筑面积3700平方米。该厂建于1992年,1993年年底投产,是经江门市工商局注册登记的全民所有制企业。企业法人代表先后由江门市土产进出口公司(下称土出公司)总经理罗宗祥、梁清鸿担任,证明齐全。但该厂建成后即一直租赁给港商张梓源经营至出事前,土出公司一直没有参与经营管理。1999年烟花产量8.87万箱,产品全部出口,创汇额127万美元。

经事故现场勘察,此次事故是包装二车间装配工万小玲操作不当所致。对此,万小玲本人已作供认。当天上午8时5分,万小玲用气动钉枪对一枚火箭烟花进行装配时,连打2钉都错位,意外引燃所装配的火箭烟花。此时工人丁银生(已死亡)正领料路过该处,火箭烟花引燃其手推车上的原料,并引爆了所装二车间内大量待组装的火箭烟花半成品及成品,致使大量火箭烟花四处飞蹿,从而引爆了装配车间的成品、半成品;巨大冲击波又引爆了原料库和半成品库内的易燃易爆物品,形成殉爆。爆炸总药量约为7吨TNT当量,整个厂区瞬间被炸成废墟。

现在进入工矿商贸等各类企业的农民工,要面对新的环境、新的工作,需要了解和掌握新的知识,提高自身素质,这样才能适应企业的工作要求、安全要求。因此,对农民工必须了解和掌握的安全知识,我们要做全面深入细致的学习和了解。切实提高对安全生产教育培训工作重要性的认识，强化培训，对保证农民工安全有非常重要的作用。

2. 上岗前，学好“三级”安全教育知识

安全生产教育是安全生产的一项基础性工作，是贯彻落实“安全第一、预防为主、综合治理”方针的具体体现，是建立安全生产管理长效机制的一项重要举措，是切实提高各业主企业、项目施工单位从业人员安全意识和安全操作技能的重要手段，是搞好安全生产的治本之策。

我国的安全生产教育制度明确规定：新农民工在进入工作岗位之前，必须由厂、车间和班组进行“三级”安全教育，使其掌握必要的安全知识，了解工厂、车间、岗位的安全制度、安全要求等。随着社会主义市场经济的建立，企业用工制度在悄然地发生着变化，合同工、聘用工、临时工、钟点工等各种不同的用工形式，给劳动者也带来了广泛的就业机会和施展个人能力的空间。由于一些农民工忽视上岗前的教育与培训，使得新职工事故多的情况日益突出，有的甚至引致了特大事故的发生。因此，上岗前学好“三级”安全教育知识对预防和减少事故的发生有着重要的现实意义。

某重型机械厂工人楚某因急用氧气，在没有征得领导同意的情况下临时让装配工王某、赵某去充氧站拉了一车氧气瓶，在厂门口卸车时，门卫喊赵某，让他去接电话。在赵某去接电话时，王某等不及便自己卸车，可是由于他一个人很难把氧气瓶搬下来，于是王某就用脚蹬滚动瓶罐到车厢边，然后就抛掀气瓶到地上。可是当王某在抛落第三个氧气瓶的时候，氧气瓶突然发生爆炸，王某当场被炸身亡。

就如案例中的王某，恐怕不知道自己是怎么死的，如果他多学习一些"三级"安全教育知识，相信绝不会发生这起事故。我们知道如果装满氧气的钢瓶内气压达到一定的数值，并且由于各种原因导致温度较高的话，就可能发生爆炸。装配工王某根本就不懂装卸技术，也不知道装卸氧气瓶的知识。在一个人的情况下，为了图省事，就采用脚蹬、抛掀的办法卸载氧气瓶，钢瓶被抛掀从一米多高跌落地面，受突发震荡瓶内氧气产生瞬间超压而导致爆炸。可见，如果不学好"三级"安全教育知识，危险就会像影子一样紧跟着我们，随时对我们发动攻击。

农民工进行"三级安全生产教育"是行之有效的安全管理制度与方法。认真学习安全知识，进行岗前培训与在岗培训是提高技能水平的一个重要环节。通过学习和培训，农民工的素质会得到很大的提高，特别是农民工的安全素质得到了强化，知识增加了，专业精湛了，自然安全能力也就增强了。只有这样，安全才有基本的保障。

"生产不出事，你好我好大家好；生产出了事，有人哭，有人怨，有人痛。"中原油田天然气产销厂输气管理三区安全监督员张春生向记者念诵着自己的"安全经"。10 年来，他静心思安全，现场督安全，逢人讲安全，也就有了"张安全"的美名。

在 6 年前的一次维修工拆卸计量孔板作业中，操作工违章作业导致计量孔板在拆卸过程中飞出伤人的事故。作为安全监督员，张春生主动承担责任，并被罚款 600 元。至今，他还珍藏着那张罚款单，以示警戒。张春生说："作为油气生产单位，天天和易燃易爆物品打交道，就像浪尖的一叶扁舟，麻痹和违章是安全的头号杀手，稍有不慎就会酿成惨祸。""保护国家财产和职工群众的生命安全是我的职责，安全监督员的责任比天还大。"他把这些安全感悟传递给大家，将"安全树"根植于每一位职工心中。

“为了保证大家的安全，必须拉下脸去挑刺，把事故消除于萌芽状态，这才是对职工真正的爱。”张春生说。在10年安全监督职业生涯中，张春生始终无怨无悔地唱“黑脸”。

一次，在区办公楼改造施工现场，施工人员用电不规范，又未及时整改，张春生给他们开了500元罚款单。施工单位请人说情，张春生坚持原则，不为所动。为此，他得罪了同事。在濮城配气站分离器防腐施工过程中，施工人员未系安全带在5米高处架板作业，张春生及时制止他们，并给予违章的两名职工500元罚款。他说：“罚款不是目的，是让你们牢记这次教训，以后严格按照安全生产规定施工，这500元罚款如果可以避免一次事故的发生，孰轻孰重？”

张春生被大家誉为“安全守护神”。近年来，采气树不断受到不法分子的破坏，维修动火频繁，采气树顶端超过两米，按照要求，施工人员必须系安全带作业。张春生发现，在采气树顶端作业没有更高的安全带可系点。如果墨守成规，安全带可能就变成了危险带。他提议使用专用梯子、派专人监护，有效保证了施工人员的安全。

去年，张春生还在新浪网建立了博客，名字就叫“安全老张”，成了时尚一族。博客主题是宣传安全知识，交流安全经验，探讨安全问题。在中原油田开展的“我要安全”主题活动中，张春生结合工作实际，创作出“安全博文”十几篇，受到网友一致好评。

俗话说，打铁先要自身硬。随着工作环境的日益复杂，不安全因素也在增多，这更要求农民工多学知识、练技术，不断提高安全工作素质。安全教育的效果如何，从某种意义上讲，取决于农民工对安全生产的认识水平，取决于他们的事业心和责任感。只有全体职工都从内心深处感觉到搞好安全生产对国家、企业、家庭和他人生命的重要性，认识到安全生产是我们的切身利益之所在，这样，我们农民工才会自觉地积极参与安全管理。

3. 认识日常安全中的安全色和安全标志

在日常安全中，安全色和安全标志以形象而醒目的图形、语言向人们提供了表达禁止、警告、指令、提示等信息。我们农民工了解它们表达的安全信息对于在工作、生活中趋利避害、预防事故发生有重要作用。

(1)安全色

安全色是用以表达禁止、警告、指令、提示等安全信息含义的颜色。1952年，国际标准化组织成立了安全色标准技术委员会，专门研究制订了国际统一安全色彩，规定红、蓝、黄、绿为国际通用的安全色。不同色彩对人的心理活动产生不同的影响，同时也使人的生理行为产生不同的反应，安全色的目的是使人们能够迅速发现或分辨安全标志和提醒人们注意。

红色表示禁止、停止或危险的意思。使人产生很强的兴奋感和刺激性，从而引起高度警觉。被用于各种警灯，机器、交通工具上的紧急手柄、按钮或禁止人们触动的部位，以及消防车辆器材和消防警示标志上。

蓝色表示指令、严肃和必须遵守的规定。一般被用在指引车辆和行人行驶方向的交通标志上。它会使司机在行车时感到精神舒畅，不易疲劳，确保安全驾驶。

黄色表示警告、注意的意思。它对人的眼睛能产生比红色更高的明亮度，注目性和视觉性都非常好，特别能引起人的注意。一般充当警告性的色彩。如行车中线、安全帽、信号灯、机器危险部位和坑池周围的警戒线。

绿色表示提示、安全状态、通行。用在安全通道、太平门、行人和车辆通行标志、消防设备和其他安全防护设置等位置。

安全色应用于消防、工业、交通、铁路、建筑等各种行业，对各种安全起着很重要的警示作用。因此，我们农民工在日常生活中，如发现安全色的颜色有污染或有变化、褪色时，须及时清理或更换，以保持其颜色的安全效能。同时，应自觉遵守各种安全色彩的提示，保障自身及他人的安全。

(2)安全标志

安全标志是由几何图形和图形符号所构成，用以表达特定的安全信息，安全标志的作用是引起人们对不安全因素的注意，防止事故发生，但不能代替安全操作规程和防护措施。这些标志分别为禁止标志、警告标志、指令标志和提示标志等四类。

禁止标志是禁止人们不安全行为的图形标志，其基本形式是带斜杠的圆形框。圆形和斜杠为红色，圆形符号为黑色，衬底为白色。圆形是不可分离的象征，在同样的面积下，圆形中的图像显得大而且清楚。

警告标志的含义是提醒人们对周围环境引起注意，以避免可能发生的危险。其基本形式是正三角形边框。三角形边框及图形符号为黑色，衬底为黄色。

指令标志的含义是强制人们必须做出某种动作或采用防范措施。标有“指令标志”的地方，就是要求人们到达这个地方，必须遵守“指令标志”的规定。其基本形式是圆形边框。图形符号为白色，衬底色为蓝色。

指示标志的含义是向人们提供某种信息(如标明安全设施或场所等)。一般指示标志是指安全通道和太平门的方向。其基本形式是正方形边框。图形符号为白色，衬底色为绿色。长方形具有重量感和显著性。另外，提示标志也需要有足够的地方书写文字和画出箭头以提示必要的信息，所以用长方形是适宜的。

(3)安全色与安全标志之相间色。

①红色与白色相间隔的条纹。表示严禁通行、严禁跨越的意思，它比

单独使用红色更为醒目。主要用于公路、交通等方面所用的防护栏杆及隔离墩。

②蓝色与白色相间隔的条纹。表示指示方向，它比单独使用蓝色更为醒目，主要用于交通上的指示导向标。

③黄色与黑色相间隔的条纹。表示特别注意的意思，它比单独使用黄色更为醒目。常用于流动式起重机的排障器、回转平台的后部、起重臂端部、起重吊钩扣配重、动滑轮组侧板、外伸支腿、剪板机的压紧装置、压铸机的动型极、圆盘送料机的圆盘、冲床的滑动、低管道等。

4. 抛弃不正确的安全观念，提高避险能力

所谓安全观念，就是人们头脑中建立起来的安全意识，也就是人们在生产活动中各种各样有可能对自己或他人造成伤害的外在环境条件的一种戒备和警觉的心理状态。眼界决定世界。安全工作也是如此，我们农民工所持有的观念将影响实际的安全效果。

在日常工作中，安全意识如果成为行为习惯，就会左右我们农民工的行动。要使安全成为下意识行为，成为行为习惯，关键是要通过学习，全面提高人的知识修养，充分认识安全的内涵，真正领悟生命的价值，发自内心深处地珍爱生命，让安全在头脑里扎根开花。人都有自己习惯的思维方式和行为方式，都在自觉或不自觉地按照自己的习惯在工作、生活、与人交往或是思考问题。如果我们中的每一个人都能以“安全第一”的方式来思考问题和付诸行动。那么安全就成了我们的习惯。

有一个故事讲国内有一个学生，前几年到美国去工作留学，

在美国找了一个女朋友，节假日总要到海滨休息度假，他驾车不管红灯、绿灯都冲、都闯，这个女朋友多次劝他无效后，就跟他分手了。什么理由？那个女朋友说，一是我坐你的车不安全；二是我们美国的法律你都不遵守，我嫁给你也不牢靠。为此，他深深地受到了教育。回国后，他又找了一个女朋友，从此严格遵守交通规则，见到红灯绝对停。可是，经常这样，他的女朋友也不满意了，也跟他分手了。这个女朋友说，你这么老实肯定吃亏，连红灯都不敢闯，又能办成什么大事。

这个故事刚看完是否觉得这个男学生怎么做都不对，都不讨对方的喜欢，多少有点委屈。不过，深入地反思一下，其实是反映出来的安全观念上的不同。这个男学生是在受到教育后，首先从思想上吸取了教训，提高了对道路交通法规重要性的理解认识，并真正落实在实际行动中。这一行动的彻底改变，非常值得我们农民工借鉴和学习。

安全事故的发生始终存在于一个人举手投足的瞬间，在意识闪动的刹那间就发生了。因此必须将安全植根于意识之中，让正确的安全观念成为一种习惯。人需要有正确的安全观念，把安全放在第一位，这样才会有安全的行为，才能保证安全。

2007 年 6 月 21 日早上 5 点左右，漯河一名工人在工作中触电死亡。死者陈某在下料车间提升机旁下料，6 时许，同班工人王某发现其未到食堂就餐，向生产班长李某报告，6 时 50 分左右，王某在提升坑口边发现陈某。当时他蹲在坑口边，双目紧闭，胸口还有一点余温，但已没有脉搏跳动，王某立即将他抱到车间空地处，然后拨打 110 和 120 求救。经 120 医生现场检查发现：伤者已无呼吸心跳，瞳孔散大固定，血压为零，证实已临床死亡。造成这件事故的主要原因就是陈某安全意识淡薄，缺乏安全用电知识，存在侥幸心理，贪图方便，在灯光昏暗，线路陈旧、破损的作业环境下，不注重自身安全，直接从提升机坑口出入，不慎接触临时照明线路裸露处引致触电身亡。

安全是一个永久的话题。调查表明，农民工思想意识上的轻视、疏忽，没有在心中树立起正确的安全观念是导致安全事故频繁发生的重要原因。只有深刻认识到错误观念的危害，才能从根本上提高我们农民工的安全。

在工作中，以下三种不正确的安全观念需要警惕。

①混沌观念。有些农民工存有“死生由命”的想法，认为目前的安全水平还过得去，浑浑噩噩地生产工作，这种安全意识与文化水平低下有直接关系。

②自恃观念。此类型观念多为技术熟练，专业工作年头多的“老”字辈农民工，自恃久经沙场、经验丰富，在工作中无所顾忌，他们发生事故的可能性很大。

③任务观念。有些农民工为了保生产，赶任务，加班加点连续作业，超负荷运转，以致安全意识每况愈下，导致发生事故。

人要有正确的安全观念，才能保证安全。安全观念说大了，关系到企业的发展，关系到社会的安定团结；说小了，关系到生命的延续、家庭的美满和幸福。因此，我们农民工要抛弃不正确的安全观念，树立正确的安全观念。

5. 小心，经验主义也会犯安全错误

对于安全，我们农民工必须具体问题具体分析，否则将犯经验主义的错误。安全工作中凭经验做事，觉得以前就是这样做的没事，今后这样干

也准没事，将安全规程置于脑后，唯经验是从，会使安全措施流于形式，导致随便盲目的工作作风代替了扎实严谨的工作态度。从此养成武断盲目的行为习惯，易犯主观主义错误。

伊索寓言里有这样一个故事：一头驴子，帮助一个商人驮货物，第一次它驮的是盐，盐很重，到了小河边，驴子觉得这袋盐重得实在不行了，而且河边很滑，长满了青苔，驴子不小心摔了一跤，跌到了河里，它好不容易才爬了起来，这时他发现背上的盐轻了好多。商人埋怨驴子，你毁了我好多的盐。驴子才不管呢，反正盐很轻了，它轻轻松松就到了家门口。第二天，商人又带驴子去运货，这次的货物是棉花，虽然棉花很轻，但是棉花很多，聚起来就会很重，驴子想没关系，到了小河边就好了，到了小河边我要装得像样点，再摔一跤。到了小河边，驴子故意叫了声“哎哟”，商人说你今天又把棉花弄湿，驴子想今天我要在水里多待一会儿，让货物轻一点，不然的话，货物一定轻不了多少的。谁知等驴子想站起来时，怎么也站不起来了，因为棉花吸了水，驴子“哦哦”叫了两声就被河水淹死了。

分析这则故事我们不难发现这头驴子犯了一个致命的错误——经验主义。犯经验主义的错误，也就是太相信自己过去的成功经验，并把它当成放之四海而皆准的“真理”，结果陷入了误区。安全生产工作，容不得半点失误，一个失误、一个不认真，带来的就是血腥。即使在工作中是一把好手，但缺乏具体问题具体对待的精神，什么问题都想着自己过去怎么做，忽略了新技术、新环境，弄巧成拙，有这种思想的人，就会犯经验主义错误。

2005 年 11 月 13 日，吉林石化双苯厂苯胺二车间发生爆炸事故，造成 8 人死亡，1 人重伤，59 人轻伤，并引发了松花江重大水污染事件，直接经济损失为 6908 万元。

事故发生当日，因苯胺二车间硝基苯精馏塔塔釜蒸发量不足、循环不畅，替休假内顶岗操作的二班班长徐某组织停硝基苯初馏塔和硝基苯精馏塔进料，排放硝基苯精馏塔塔釜残液，降低塔釜液位。10 时 10 分，徐某组织人员进行排残液操作。在进行该项操作前，错误地停止了硝基苯初馏塔 T101 进料，没有按照规程要求关闭硝基苯进料预热器 E102 加热蒸汽阀，导致进料温度升高，在 15 分钟时间内温度超过 150℃量程上限。11 时 35 分左右，徐某回到控制室发现超温，关闭了硝基苯进料预热器蒸汽阀，硝基苯初馏塔进料温度开始下降至正常值。13 时 21 分，在组织 T101 进料时，再一次错误操作，没有按照“先冷后热”的原则进行操作，而是先开启进料预热器的加热蒸汽阀，7 分钟后，进料预热器温度再次超过 150℃量程上限。13 时 34 分启动了硝基苯初馏塔进料泵向进料预热器输送粗硝基苯，当温度较低的 26℃粗硝基苯进入超温的进料预热器后，由于温差较大，加之物料急剧气化，造成预热器及进料管线法兰松动，导致系统密封不严，空气被吸入到系统内，与 T101 塔内可燃气体形成爆炸性气体混合物，引发硝基苯初馏塔和硝基苯精馏塔相继发生爆炸。5 次较大爆炸，造成装置内 2 个塔、12 个罐及部分管线、罐区围堰破损，大量物料除爆炸燃烧外，部分物料在短时间内通过装置周围的雨排水口和清净下水井由东 10 号线进入松花江，发生了重大水污染事件。

爆炸事故原因分析发现，由于操作工在停硝基苯初馏塔进料时，没有将应该关闭的硝基苯进料预热器加热蒸汽阀关闭，导致硝基苯初馏塔进料温度长时间超温；恢复进料时，操作工本应该按操作规程先进料、后加热的顺序进行，结果出现误操作，先开启进料预热器的加热蒸汽阀，使进料预热器温度再次出现升温。7 分钟后，进料预热器温度超过 150℃量程上限。13 时 34 分启动硝基苯初馏塔进料泵向进料预热器输送粗硝基苯，当温度较低的 26℃粗硝基苯进入超温的进料预热器后，出现突然沸腾并产生剧烈振动，造成预热器及进料管线法兰松动，造成密封不严，空气吸入系统内，随之空气和突然沸腾形成的气化物，被抽入负压运行的硝基苯初馏塔，引发硝基苯初馏塔爆炸。徐某身为二班的班长，懂得安全知识，更熟练安全操作技能，但是因为经验主义错误而导致了这起重大事故。这不得不让我们深思。

所以，要想安全，农民工必须从自身做起，工作中少一些大意、多一些认真，培养认真细致的作风，让经验主义错误永无出头之日，让严守规程、遵章守纪的思想和行为深深根植在我们的习惯中，让安全永远追随我们。

2003年6月23日上午8时左右，西塘翠南船舶修造有限公司一工程船下水。在船舶到水以后，因船体较宽，其中有两只橡胶气囊未能露出水面。该公司负责人朱××和职工冯××（死者，男，45岁，江苏高邮人）两人下水，想用绳索连接气囊从而拉出。第一次潜入水中未能成功，当冯××第二次潜入水中后，经一段时间未能浮出水面，与冯××同时下水的朱××发现冯××扶住的定位竹竿没有动静，便立即寻找，但未能搜到。后叫来渔民进行打捞，直到当天下午1时45分左右，冯××才被打捞上岸，但早已僵硬死亡。

事故原因分析发现该公司在没有采取任何保护措施的情况下，凭经验进行潜水作业，违章作业是造成该起事故的直接原因。该公司安全生产责任制、安全管理制度、操作规程不健全、不落实是该起事故的间接原因。

在日常安全中，经验主义也是农民工违章操作的主要原因，违章农民工对工作中的不安全因素和各种违章行为的危害性认识不足，为了省事，偶尔违章一次也没有导致事故发生，违章似乎也没那么危险，违章人员就会产生"小河沟里难翻船"的侥幸心理。久而久之，违章行为逐渐形成"经验主义"，而这种"经验主义"又滋生侥幸心理，长此以往，灾难性的事故必然会发生，所以经验主义最害人。

第二章

增强安全意识，规范日常安全行为

1. 安全意识是农民工安全生产最薄弱的环节

安全工作依赖于物质和精神两个方面，物质方面主要是安全设施，精神方面主要是安全意识。安全意识包括与安全有关的意愿、意识、知识等。调查表明，农民工思想意识上的轻视、疏忽，没有在心中树立起“责任大于天”的意识是导致安全事故频繁发生的重要原因。

某钢铁公司中型轧钢厂的加热炉，原来使用重油做原料，设有地下油池，容量为1600吨，因重油供应不足，改为原油做原料。为了缩短油罐列车的卸车时间，将原来30kw普通油泵改为75kw深井泵。在对地下油池改造之前，一日上午，公司消防队队长赵某到该厂地下油池现场查看，之后对消防员刘某提出4条意见：(1)灯要换成防爆灯；(2)池顶上的电器设备要搬下来；(3)取油样化验；(4)向公司写报告，批准后再报。消防员刘某随即找到主管安全和改造工程的副厂长汇报。杜某和梁某两位副厂长对消防队长的意见均未加考虑。下午，杜某擅自批准机修人员在油池上焊吊泵体的钢架子。次日杜某请假回家，安泵工作由附近盖小房(用来放置油池顶上搬下来的电器设备)的冯某负责。这天上午，由于油池内原油基本抽空，虽然大量动用明火，但未发生事故。下午13时15分，油库进了12节油车开始卸油，冯某作业时未采取防护措施，施工人员继续动用明火，14时35分引起爆炸。这场事故共造成24人死亡、2人重伤、21

人轻伤，直接经济损失22万多元。

这是一起施工人员缺乏安全意识，冒险蛮干酿成的大祸。在生产中，导致发生不安全行为的原因是多方面的：不同的人所发生的不安全行为表现可能各异，但将这些事件分析一下，就不难发现大部分的不安全行为是安全意识淡薄的外在表现。农民工常见的不安全行为主要有以下几种。

①操作错误、忽视安全、忽视警告：未经许可开动、关停、移动机器，开、关机器时未给信号，开关未锁紧，造成意外转动、通电或漏电等，忘记关闭设备，忽视警告标记、警告信号，操作错误，奔跑作业，机器超速运转，手伸进冲压模，工件坚固不牢，用压缩空气吹铁屑。

②使用不安全设备：临时使用不牢固的设施，使用无安全装置的设备。

③手代替工具操作：用手代替手动工具，用手清除切屑，不用夹具固定、用手拿工件进行机加工，物品存放不当。

④冒险进入危险场所：冒险进入涵洞，接近漏料处、危化品房、基建工地。

⑤攀、坐不安全位置：在起吊物下作业、停留，机器运转时加油、修理、调整、焊接、清扫等，有分散注意力的行为。

⑥未穿戴劳保用品：在必须使用个人防护用品用具的作业场所忽视其作用。

⑦不安全装束：在有旋转零件的设备旁作业穿肥大服装，操纵带有旋转部件的设备时不戴手套，女员工的长发不盘起来操作辊压机。

安全靠意识指导，而意识是促使行为发生的基本条件，所以提高安全意识是进行安全管理的第一步。在日常工作中，农民工安全意识薄弱，首先弱在他们安全第一的意识没有建立。安全意识说大了，关系到企业的发展，关系到社会的安定团结；说小了，对于个人和家庭来说，关系到生命的延续，关系到家庭的美满、幸福。农民工要确保安全必须首先具备安全意识。

2004年12月12日，河南开封某网架工程公司在武汉市青山区一宾馆新建的健身房工地进行网架屋面工程施工，民工崔某在高空完成第一个钢结构网格安装准备第二个网格安装时，解开系在身后的安全带保险钩，骑着钢管向前移动，在移动中因失去重心，从12.5米的高空坠落，经抢救无效死亡。

统计数字和客观事实表明：超过95%的工伤事故是由于农民工自身的原因引起的。而根据有关部门针对大中型企业近3年来发生的事故所作的另一项统计显示，人为因素中，安全意识薄弱的因素占到90%多。这说明安全意识不强，必将酿成安全事故。这是谁都不能否认的事实。农民工就业流动性大，使之形成干一天是一天、干一天挣一天钱的思想，大都存有一种侥幸心理。有的农民工嫌麻烦、图方便，二三十米高空作业，竟然不系安全带；有的人坐在物料提升机上到现场；有的农民工在修理搅拌机时，未在开关旁挂上"正在检修"的警示牌，别人一按开关，修理的人就被搅拌在里面了。因此，增强农民工的安全意识，开展农民工安全培训，提高农民工的安全意识和自我防范能力，是做好安全工作的关键，是预防事故发生的最根本措施。

2. 用安全意识强化农民工的安全行为

安全意识的活动过程包括个人运用感觉、知觉等技能，对工作场所的潜在危险状态进行感知；运用经验、学习、记忆和智慧等能力，对危险进行认识。根据个性、动机、经验和风险倾向作出是否采取避免措施的决策，其生理、心理条件是否有能力执行"决策"。如果"否"，则会导致不安全行为出现，致使事故发生；如果“是”，则行为安全，不会出现事故。因此，安全意识是引导农民工科学地认识和解决安全问题的根本途径。

大连市公共汽车联营公司702路422号双层巴士司机黄志全，在行车途中突然心脏病发作。在生命的最后一分钟，他做了三件事：

第一件事：把车缓缓地停在路边，并用生命中最后的力气拉下了手动刹车闸。

第二件事：用尽全身力气把车门打开，让乘客可以安全地下车。

第三件事：将发动机熄火，确保了车和乘客的安全。

他做完这三件事后，趴在方向盘上停止了呼吸。

黄志全只是一名平凡的公交车司机，他在生命的最后一分钟里所做的一切也并非惊天动地，然而他却是有强烈安全意识和责任心的榜样。安全意识是一种本能意识。当某种思想或者意识深深植入我们的大脑皮层，并且经过无数次的实践确认时，这种思想或意识就会成为下意识。如果使安全概念成为人的下意识内容，那么安全这根弦就会始终紧绷，随时随地敲响警钟。安全意识如果成为下意识，也就是安全成为行为习惯，扎根于我们的头脑，从而左右我们的行动。因此，安全意识指导安全行为。

抓好安全工作，必须加强自我安全意识，也只有全员自我安全意识得到加强，才能从根本上解决人的不安全行为，全面提高人的安全意识。在日常安全中，安全事故往往发生在那些安全意识淡薄的“薄弱人”身上，他们安全意识差，在工作时想到的往往不是自身安全和他人安全，而是心存侥幸或图省事、盲目蛮干、心神不定等，有着对自己、对他人、对工作不负责任的心理，他们的这种错误心理及安全意识的淡薄必然支配着他们不安全行为的发生，轻者伤及自己，重者祸及他人。这些安全意识淡薄的“薄弱人”主要分为以下几类人。

手忙脚乱、粗枝大叶的粗心人：这些人对工作环境、工作设备、工作流程不熟或平时不用心学习安全操作规程等，临时抱佛脚；紧急情况下不知如何处理，往往因为忙乱错误、粗心的操作导致严重后果。

工作投机取巧图省事怕麻烦的懒惰人：这些人在工作中不能吃苦，能躺着就不坐着，能坐着就不站着，经常耍一些自认为比别人聪明的小伎俩，往往聪明反被聪明误，不但害了自己还害了他人。

违章作业的侥幸人：这些人与第二类人相似，他们也是图省事，不按操作规程操作，对违章作业不以为然。自认为只要按自己的思路完成工作就可以，而且心存侥幸，想着安全事故不一定发生在自己头上，更可怕的是这类人往往不止违过一次章，且越违章越助长他们的侥幸心理，酿成的后果也就越可怕。

盲目蛮干的大胆人：这些人自恃胆识超群，自以为是，我行我素，不听从他人劝阻，工作也出得力气，只知道凭借自己的所思所想去做，但他们很少想到因此造成的不良后果。

睡不醒的迷糊人：这些人往往一下班就精神，一上班就睁不开眼，迷迷糊糊地将要进入梦乡。他们上夜班时，下班可以不睡觉，吃喝玩乐一整天；上早班时，下班可以玩到深夜不睡觉；这样的人很难做到上班时精神十足，迷糊的大脑很可能会发出错误的指令，导致错误的行为，此类事故伸手可数。

什么都不在乎的马虎人：这些人平时做事就马马虎虎，心不在焉，工作也是如此，安全的概念在他们心中根本不占一席之地。

以上六类人都可归纳为安全意识淡薄的“薄弱人”，他们是安全生产中的人为隐患，这一隐患一旦发作，后果不堪设想。了解掌握哪些人是安全意识“薄弱人”，是什么样的安全意识“薄弱人”，才能做到心中有数，对症下药，区分对待。

在日常工作中，提高农民工安全意识，应从以下两个方面入手：第一，视安全为需要，提高自我安全意识。安全意识因人的知识水平、实际经验、社会地位等方面的不同而不同。按美国心理学家马斯洛提出的需要层次结构论，把人的需要从低向高分为生理、安全、社交、尊重、自我实现5个层次。其中安全则被列为基本的需要，是人对高级的物质需要和精神需要的基础，是人的行为活动的原动力。第二，学习安全规程和安全技术，增加安全理性意识。要认真地定期开展规程学习和考试制度，才能实现安全意识由量到质的飞跃。只有通过学习，积累、提高安全知识，安全意识活动的积极能动性才会被释放、激发。另外，通过学习过程中的感觉、知觉，使表象不断上升为概念、判断、推理，并运用逻辑的、理智化的思维活动，将安全意识形成系统化、体系化、高度自觉化的理论体系和思想。这就是安全的理性意识。安全理性意识的形成不仅能使职工适应安全生产的需要，还能反映安全生产的本质特征和规律，能超前反映安全生产的未来发展趋势。这种理性意识能积极有效地指导人们的行为活动方向，为避免事故和差错奠定良好的心理预控。

3. 上岗作业需持证，不懂不会莫要碰

充分认识持证上岗的重要性和必要性，实施持证上岗制度是规范农民工安全行为的重要保证。国家一直把安全教育作为安全生产的重中之重，但是，农民工安全知识缺乏、安全技能不熟的情况依然存在，一些特种作业的农民工甚至没有从业资格证。毫不夸张地说，这些农民工就是拿自己的生命开玩笑，在向死神挑战。

2013年2月3日11时20分许，浙江省慈溪市浒山街道的雅群制面店发生一起“锅炉爆炸事故”，造成11人死伤。“听到轰响后，我本能地打开了窗户，眼前灰蒙蒙一片，几分钟后烟尘散去，雅群制面店的楼半边塌了，桌子、电器、晾面用的竿子夹杂在砖块中，混作一团。”“现场到处都是面条，有的由于强大的气流冲击，挂在了20多米外的邻家屋檐上。”爆炸发生后，慈溪当地的论坛上，亲历此事件的网友纷纷上传影像和文字记录。事发地是一栋3层小楼，楼内每层有3个房间。救援人员赶到时，大部分房间都已经坍塌了，到处是瓦砾、灰尘，夹杂着面粉。剩下的一间半左右房子墙体还立在那边，房顶还晾着一排排的干面，二楼和三楼也是很多干面及包装盒。“虽然没有明火，但由于面粉属于爆炸粉尘，为了防止面粉引起二次爆炸，我们立即用水枪对粉尘进行了稀释。”救援人员表示，遇难者身上沾满了面粉，而方圆百米内的房子都受到了不同程度的损伤。60多岁的金阿姨就住在事故楼房隔壁。事发时，金阿姨正打算下楼做饭，突然“轰隆隆”一声巨响，家里门窗的玻璃全震碎了。“太吓人了，卫生间、厨房被炸出了好几个大洞。我还以为是家里煤气瓶炸了。”附近围观的群众说，制面店老板夫妇是慈溪本地人，手下有十来个工人，大部分来自外地，以河南人、江西人居多。厂里生产的是挂面，主要做批发生意，因此和邻居们打交道不多。居民们对里面的具体情况不是很清楚。慈溪市委办发布的消息称，此次事故造成5人死亡，6人受伤。死者中包括制面店的老板娘宓雅群。

爆炸事故调查发现系无证人员违规操作造成锅炉超压爆炸。该锅炉原持证司炉人员已经于1月29日回河南老家，事发当日，该锅炉操作人员系无证人员，且有迹象表明存在违规操作现象。

锅炉操作工未经培训，无证上岗，盲目操作是导致本次事故的重要原因。在日常安全中，人本身的安全隐患可能比物的还大，我们农民工要自觉提高自身的安全素质，才能有效地防范安全事故的发生。因此，当我们从事一些工作时必须经过培训，持证上岗。

持证上岗使每个在岗位上的作业人员都知道自己应该做什么、应该怎么做，有没有资格做，有没有能力做。要求持证上岗是安监部门管理安全生产的一个重要手段，也是企业必须具备和做好的基础工作，是保证质量和安全的有效措施。对农民工来说，持证上岗也是保障自己安全的必要措施。《国务院关于进一步加强安全生产工作的通知》中指出：要强化企业职工安全培训，企业主要负责人和安全生产管理人员、特殊工种人员一律严格考核，按国家有关规定持职业资格证书上岗；职工必须全部经过培训合格后上岗。在特种作业上面，我国法规有以下规定。

(1)特种作业定义

根据《特种作业人员安全技术培训考核管理办法》规定，特种作业是指容易发生人员伤亡事故，对操作者本人、他人及周围设施的安全有重大危害的作业。

(2)特种作业人员具备的条件

①年龄满 18 岁；

②身体健康、无妨碍从事相应工程的安全技术知识，参加国家规定的安全技术理论和实际操作考核并成绩合格。

(3)培训内容

①安全技术理论；

②实际操作技能。

(4)考核、发证

①特种作业操作证由安全生产综合管理部门负责签发；

②特种作业操作证，每两年复审一次。连续从事本工种 10 年以上的，经用人单位进行知识更新教育后，复审时间可延长至每四年一次；

③离开特种作业岗位达 6 个月以上的特种作业人员，应当重新进行实际操作考核，经确认合格后方可上岗作业。

随着社会职业的细化,为了便于管理和人才的培养,越来越多的职业需要职业技能证书,但是否必须要有相关证书才能执业,则不是单位说了算的,必须有法律的明文规定。特种作业人员包括电工作业、金属焊接切割作业、起重机械作业、机动车辆驾驶、登高架设作业、锅炉作业(含水质化验)、压力容器操作、制冷作业、垂直运输机械作业、安装拆卸工、起重信号工等,以及由省、自治区、直辖市安全生产综合管理部门或国务院行业主管部门提出,并经前国家经济贸易委员会批准的其他作业。特种作业人员必须按照国家有关规定经过专门的安全作业培训,并取得特种作业操作资格证书后,方可上岗作业。

2010年11月15日,上海市静安区胶州路728号公寓大楼发生特别重大火灾事故,造成58人死亡,71人受伤,直接经济损失1.58亿元。事故发生后,党中央、国务院高度重视,中央领导对此作出重要指示批示,要求全力组织灭火,千方百计搜救被困人员,千方百计做好伤员救治工作,妥善做好善后处理。11月17日,由国家安全生产监督管理总局、监察部、公安部、住房和城乡建设部、全国总工会和上海市人民政府及有关部门人员组成的国务院事故调查组成立。最高人民检察院应邀派员参加。事故调查组经过调查取证,查清了事故原因、性质和责任,提出了对有关责任人员的处理建议和防范措施。

国务院事故调查组查明,该起特别重大火灾事故是一起因企业违规造成的责任事故。事故的直接原因:在胶州路728号公寓大楼节能综合改造项目施工过程中,施工人员无证违规在10层电梯前室北窗外进行电焊作业,电焊溅落的金属熔融物引燃下方9层位置脚手架防护平台上堆积的聚氨酯保温材料碎块、碎屑引发火灾。

一个既没有进行专业理论知识培训和考试,又没有进行专业技能考核的无证人员,从事特种作业工作,不懂特种作业工作的特殊性又不知道特种作业应注意的事项，在无人监管和无有关安全措施的情况下造成这起震惊全国的特大火灾事故，教训深刻，其结果悲痛。因此，我们农民工要做到持证上岗工作，保障自身的安全。

4. 把“安全第一”刻在心上，融进血液

农民工安全生产应谨记“安全第一、预防为主”的方针，要认真做好安全工作，利用科学的管理方法，增强预防事故的主动性和有效性，把一切安全隐患扑灭在萌芽之中，杜绝安全事故的发生。

一家公司大楼外单边悬扯着的吊篮随风轻微晃动。一天，公司的工程师崔某独自进入吊篮。当吊篮单边倾斜时，没有系保险绳、没有戴安全帽、穿拖鞋的他猛然从吊篮坠下，最终抢救无效死亡。事故发生后，当地的安全生产办公室和警方介入调查。在排除他杀可能之后，事故调查小组给出了分析，按吊篮安全操作规程，上篮者必须3人，必须系保险绳、戴安全帽，严禁穿拖鞋。分析指出“从吊篮单边状况分析，他没按安全操作规程同时启动篮子两端的活动滑轮。启动一个滑轮后，吊篮突然单边倾斜，把他抛出坠楼”。

调查中还得知，崔某的工作能力很强，他生前对于抓安全生产很有办法，可是当日他竟然喝酒后上架，严重违规，这可能是造成事故的直接原因。

生命只有一次，而血淋淋的生命在告诉我们农民工，安全不是口头禅，我们时刻要把安全刻在心上，落在实处。对安全负责就是对公司负责，对自己的幸福负责。如果崔某当时系了保险绳、按安全操作规程操作，就不会坠楼；如果当时戴了安全帽，他也可能头部着地时不会死亡。但是没有那么多如果，生命只有一次，仅仅因为对于安全的疏忽，崔某就葬送了自己。

在日常工作中，农民工的安全是做出来的，永远不是吹出来的。一次，美国通用电气公司首席执行官杰克·韦尔奇应邀到我国讲课。一些企业管理人员听完课后，感到有些失望，便问："您讲的那些内容，我们知道，可为什么我们之间的差距那么大呢？"杰克·韦尔奇回答说："那是因为你们仅仅是知道了，而我却做到了。"

提到凯鸿公司供热车间班长朱志伟，认识他的人都说，那可是个把"安全"刻在心上的人。为了达到安全生产的目的，他不仅把"安全"刻在了自己的心上，还刻在了班组成员和其他人的心上。

朱志伟的身上时刻带着一个笔记本，上面密密麻麻地记着有关安全及法律等方面的知识，用他自己的话说，时代在变迁，知识也在更新，不学习不行，要把随时随处学到的安全知识记录下来，作为自己的理论知识库存，以备后用。在日常工作中，朱志伟的工作原则是"安全第一，预防为主"。锅炉行业属于特种行业，锅炉是存在高危险性的压力容器，因此，司炉工的责任心就显得十分重要。

一次接班后，还没有对附属设备进行日常检查，司炉工就自行将两台锅炉开启。当朱志伟询问时，那位司炉工还满脸的不在乎，认为没有异常就行。可是朱志伟不敢大意，按照安全操作规程的要求进行了仔细巡查。当巡查到化验室水箱时，他发现水位已经在警戒线以下了。情况十分危急，他即刻命令紧急停炉，并采取相应措施，待补足水量后再启动锅炉，从而避免了一起因锅炉缺水造成的事故。

只要是被朱志伟发现的安全隐患，那就别想逃过去。去年冬天，他当班巡查洗煤车间供暖情况，走到126皮带处，发现一名女工靠着暖气打瞌睡，而紧靠她的就是运行皮带，如果稍有不慎，就会酿成惨祸。朱志伟立刻叫醒了这名女工，同时还通知了她的班长。当时，女工并不认为自己有错，还冷嘲热讽，觉得朱志伟在多管闲事。当朱志伟条理清晰地将事情的危害性说明后，这名女工这才认识到了自己的错误，并保证以后一定会避免类似事情的发生。

在朱志伟的身上，像这样的事情还有很多。朱志伟用自己的实际行动带动同事们安全生产，远离隐患，是一个把“安全”二字刻在自己也刻在他人心上的好班长。

我们农民工常说安全，然而安全不是喊在口头上的，应是实实在在存于心底，落实于行动当中的。作为化工生产工作当中的一份子，我们农民工更应把“安全第一”当成我们安全生产的座右铭。只有真正去重视安全，生活中处处想着安全，不断强化安全意识，我们农民工才能真正的安全。

5. 从“要我安全”变为“我要安全”才能真安全

安全工作也是一门科学，是通过人们的工作实践，或者说是从血的教训中取得的一门科学。安全与企业的每一个农民工密切相关，关乎每一个农民工的生命与财产的安全。只有我们农民工自己的心中有“我要安全”的意识，才能保住安全和幸福。

一篇新闻报道说：国内有一家建筑公司请到了一位美国的工程代表，想让他进行建筑方面的现场指导。在进入施工场地时，美国代表却站着不动，不肯向前走了。该公司的接待人员不知道他为什么停下，一问才知道，美国人说他没戴安全帽，按规定不能进入施工现场。大家都放下心来，纷纷劝说他只是进去一会儿，再说领导又不在现场，就不必戴了。美国代表疑惑不解，摇头不干，说："我戴安全帽是为了我自己的安全，并不是给哪一位领导看的。"

读完这则报道，我们不禁为这位美国代表的"我要安全"的意识而鼓掌。农民工是设备的操作者和管理者，是安全生产的主力军，农民工的安全意识是减少或杜绝事故、确保安全生产的关键。当我们农民工自己意识到"我要安全"时，才能从事故源头上控制不安全行为，减少或避免事故的发生。

"要我安全"与"我要安全"它们之间仅仅是一字的错位，含义却不相同。"要我安全"就是讲安全、防事故、明责任。就是从上到下做好安全生产工作。"我要安全"简单地讲，就是将上级领导和有关部门关于安全工作的各项要求，以及有关安全工作的各项规章制度认真落到实处，真正变成每个农民工的自觉行动。"要我安全"所产生的效果是被动的意识。"我要安全"产生的效果则是主动的意识。只有变"要我安全"为"我要安全"，才能发挥安全主动性，从本质上保证安全。

马涛是一艘江轮上的船员。作为一名长年在船上工作的老船员，他清楚地知道自己所在的轮船其实是一艘"聋哑船"。"聋哑船"的意思是这是一艘没有安装通信设备的船，没有加入安全通信网。一旦发生紧急事件，这艘船将无法与其他船只和指挥中心进行无线联系，会给航运安全带来极大隐患。船的主人出于节省开支等原因，没有按规定配备通信设备。马涛虽然知道这一点，但是并没有放在心上，因为连续两年的安全行驶让他放松了警惕，他认为只要注意一些，是不会出事的。

有一天，马涛在家休息，在收听电台广播时得知，某水域X号滚装船与T号轮渡相撞，造成数十人死亡，几十人失踪。原来T号轮渡是一艘“聋哑船”，因无法听见X号滚装船的高频通话，最终导致此次悲剧的发生，船上的船员全部丧命。

马涛再也坐不住了，他关掉收音机，觉得自己一定要有所行动了。他决定告诉船主这一消息，并请船主立即配齐所有的通信设备，因为，安全关乎自己的生命。

马涛从现实血淋淋的悲剧中及时醒悟，完成了从“要我安全”到“我要安全”的转变。作为企业，也要改变安全工作的思路，变“要我安全”为“我要安全”。如果每一个农民工都具有对自己的生命安全负责的精神，就能把安全工作贯穿到工作的方方面面。如果大家都能从目前的“要我安全”局面自觉地转变成“我要安全”的状态，那么全局的安全管理必将跃上一个新的台阶。

因此说，在工作中，针对自己的安全，该做什么，不该做什么，应该怎么去做，农民工必须清清楚楚。同时，要加强学习，不断提高危险源辨识和事故的防御能力，从而确保自己的安全。其次，要强化联保意识。在作业过程中，要看一看能不能危及他人的安全，要多留意和观察周边的安全状况，关键时刻要多提醒身边的同事，一个提醒，就可能防止一次事故，就可能挽救一个生命。再次，要注意周围同事的行为，他们的行为对自己的安全能不能构成威胁，发现“三违”要及时制止，绝不能视而不见，更不能盲从。否则，一个违章就有可能酿成大祸，一旦大祸临头，自己也难逃厄运。最后，要有关注他人安全的意识。把保护他人的安全当做自己的一种责任和义务，要形成“人人爱我，我爱人人”的好风气，增强农民工的凝聚力，提高农民工的安全意识。

第三章

落实安全责任，对安全负责才是对生命负责

1. 安全系于责任，负责才能确保安全

农民工安全靠什么？靠责任。责任是一种担当，一种约束，一种动力。在这个世界上，没有不需要承担责任的工作，相反，你的职位越高、权力越大，你肩负的责任就越重。只要是你的责任，你就要勇敢地承担。面对你的职业、你的工作岗位，请你记住，这就是你的工作，你要为自己的工作安全负责。

陈丽丽是燕京啤酒的一名质检组组长。一天，她在生产车间巡视时注意到有一台机器的运转速度不稳定，而操作工小郭仍然在生产操作。经验和直觉告诉她，这台机器的转轴内芯有可能出现了较严重的磨损，必须停机检修，否则，生产出的产品很有可能出现质量问题。

于是，陈丽丽马上安排这台机器的工人准备停机检修，但操作工小郭却说："陈姐，不能停啊，这批货特别急，那边已经催了好几次，上面下命令明天必须交货，否则会扣奖金的。""再说了，这台机器以前也出过这个毛病，也没出现什么问题啊。"

陈丽丽听了这话，耐心地对操作员说："小郭啊，这台机器必须检修。如果因为机器缘故造成质量问题，你知道那样的影响会有多坏吗？咱们的啤酒消费者如果喝着味道有问题，肯定不会再买了，我们与经销商之间的合作也会受到很大影响。到那时，也许不会再有'赶活'的任务，因为根本就没活干了，奖金就更不用提了。而且，我们生产的产品是要对消费者负责的，你说是不是？”

听了陈丽丽耐心的解释，操作员小郭终于停机检修。一个可能给企业带来不利影响的隐患在陈丽丽满怀责任感的工作中解决了。

企业最需要像陈丽丽这样的有责任感的农民工。农民工的安全责任就是企业的竞争力。农民工的责任心越强，企业的损耗就越低，效益就越高；反之，如果企业农民工的责任心缺失，再强大的企业也终会倒闭。负责是每个人应有的品质。对我们农民工而言，强烈的工作责任心是确保安全生产的前提和基础。有了责任心，再难的坎儿也能迈过，再复杂的难题也会解决，再危险的工作也有办法解决；没有责任心，再容易的工作也会做不好，再简单的事情也会出错，再安全的岗位也会出现险情。

责任是永恒的职业精神。如果说智慧和能力像金子一样珍贵，那么勇于负责的精神则更为可贵。一个民族缺少勇于负责的精神，这个民族就没有希望；一个组织缺少勇于负责的精神，这个组织就难以让人信任；一个人缺少勇于负责的精神，这个人就会被人轻视。一个缺乏责任感的人、一个不负责任的人，会失去自己的信誉和尊严，失去别人对自己的信任与尊重，甚至失去社会对自己的认可。当一名司机手握方向盘的那一刻，就将全车人的生命安全责任担在了肩上，拥有强烈责任感的人，就会将安全这根弦绷得紧紧的，不敢有丝毫的懈怠。拥有了责任，就拥有了勇气，拥有了安全。如果一个人没有了责任心，那么成功对于他来说简直就是痴人说梦。一个人要做到对工作上有成就、对国家有贡献，不光是有工作热情，更重要的是要有一颗强烈的责任心。

×年×月×日，中国某航空公司 TY154MB－2610 号飞机执行飞行任务。起飞后飞机发生飘摆，无法控制，飞机空中解体坠毁，导致机毁人亡的一等飞行事故。

事故当日，该航空公司×××机组驾驶 TY154MB－2610

号飞机执行甲至乙的航班任务。飞机于北京时间 08：13 由甲机场起飞，离地 24s 后，机组报告飞机飘摆，控制不住，飞机呼呼地响。飞行员用额定马力保持 400 km/h 的速度上升。08：16：24，机组报告飞机以 20°的坡度来回飘摆；08：16：58 报告飘摆坡度达到 30°；08：17：06 报告两个人都控制不住飞机。机组采取了短时接通自动驾驶仪等方法进行处理，未能奏效。08：22：27，飞机速度降至 373 km/h，迎角 20°，出现失速警告。之后左坡度为 66.8°。此时速度达到 747 km/h，出现超速警告。在这一过程中，飞行高度由 4717m 下降到 2884m，飞机航向由 280°左转到 110°，飞机最大垂直过载达 2.7g，最大侧向过载达 1.4g。08：22：42，高度为 2884m 时，飞机开始解体。最终飞机坠落在某县内，距甲机场 140°方位，49km 处。机上旅客 146 名（外籍旅客 13 名），机组人员 14 名全部遇难。

事故原因分析发现这一事故的直接原因是地面维修人员在更换 ABCY 安装架时，将Ⅲ7、Ⅲ8 插头相互错插，导致飞机操纵性异常，使动稳定性变坏，最后失去控制，造成飞机空中解体失事。

一次失败的行动、一个错误的决定、一个流产的计划……问题看起来都可能出自外在环境。但仔细分析，你就会发现，所有的问题往往都是由于自己不负责造成的。工作呼唤责任，工作意味着责任。责任是对自己所负使命的忠诚和信守，责任是对自己工作出色地完成。责任不会因为职位渺小而变得无足轻重，更不会因为受到权力的干扰而躲藏起来。可以说，责任与农民工工作同在。一旦你接受执行某项工作，你就对这项工作负有不可推卸的责任，它就像血液一样融入到你的身体里，即使你不想承担，也无法把它与你分开。

2. 不负责行为只会害了自己

安全不是为了别人，而是为了我们农民工自己。企业以人为主体，安全是农民工对于企业的最基本责任。对安全负责，就是对自己负责。因此，我们在生产中一定要增强安全责任感，从我做起，保证每一个工作行为的安全。

2009 年 4 月 15 日河南某厂，李某和全班人员在现场工作，交接班时发现工作面刮板输送机下滑。在割煤时，班长安排李某用单体柱一头打在刮板机上，一头打在大立柱上防止输送机下滑，移架时，要先把单体柱拆掉后再移架。煤机过后，李某开始移架，身边的王某见李某违章操作，劝李某要先卸掉单体柱再拉架，而李某为了图省事，没有听从班长的安排和工友王某的劝告，直接移架，由于拉架速度过快，单体柱突然跳起，砸中李某的脚。虽说没有致命的危险，但是李某这只脚再也不能像正常人一样行走了。

安全，无论多么谨慎小心都不为过，这才是对自己负责，对家人负责，对企业负责！事故中李某不负责的工作行为最终对自己造成了伤害。所以，为了自己为了他人的安全，不但自己要负责工作，同时还要注意周围工作的人，是不是有违章行为，多提醒一句话，就可能避免掉一次事故。

"这次我被评为安全诚信金牌农民工，感到身上的责任更大了。今后我更要立足本职，时刻牢记安全生产，让金牌在岗位上闪光。"2010 年 3 月 28 日，在山东新汶矿业集团协庄煤矿安全诚信表彰会上，掘采一区职工张学军承诺道。该矿 3000 多名一线职工中，目前已评出 960 名安全诚信金牌农民工，矿井实现 10 年安全生产。

协庄煤矿在多年的安全管理实践中形成了一个共识：有了本质安全型农民工，建设本质安全型矿井才有可能；而“正向激励”要远比罚教惩处更易被农民工接受，也更具有示范作用和约束力。从 2009 年开始，煤矿将“诚信”理念引入安全管理，开展了“争创安全诚信先进区队、争当安全诚信金牌农民工”活动。由此，从各分管矿长到专业部室主任、区队长再到农民工，都做出了“消灭违章、消灭工伤、消灭事故”的庄严承诺。同时，党政工团齐上阵，开展了“践行安全誓言，争做诚信农民工”的演讲赛、“诚信是否能保障安全”辩论赛、“金牌农民工事迹”报告会和“柔情寄矿工，温馨话诚信”座谈会等活动，编印了《荣誉·责任》诚信书籍，创作了《安全诚信之歌》等 11 首歌曲。使“我的安全我负责，我的誓言我遵守”成为每名农民工共同遵守的价值取向，逐步实现了全员“认知、认同”。

我们每个人都有保障安全的责任，不负责任的行为就是犯罪。只有负起责任才能保证安全；不负责任，漠视责任就会遭遇事故，甚至生命的不保。缺乏责任心的人不仅会给别人带来灾难，也会给社会带来危害，更会给自己带来不可挽回的后果。所以只有负起责任才能保证安全，放弃责任也就是放弃了安全。

2004 年 4 月，北京再一次出现有人感染 SARS 病毒的报告一度引起人们的恐慌。北京的杨某和安徽的宋某都在中国疾病预防控制中心病毒预防控制所（简称病毒所）的实验室工作过。他们的感染预示此次 SARS 的传染源可能来自实验室。

事后有关部门的调查结果显示，此次 SARS 的传染确实来自于实验室，主要由于实验室的违规操作。该实验室违规操作主要表现在：

——科研课题跨专业。腹泻病毒研究室是研究消化道病毒的领域，却跨专业承担了非典的课题，工作人员对专业不熟悉，造成了安全隐患。

——安全管理不够重视。实验室主任擅自批准工作人员采取新的“灭活”方法，这一方法未经学术委员会论证，科学依据不足。有关“灭活”效果未经严格验证，没有验证方案、记录和内容。

——技术操作不规范。违反卫生部关于灭活SARS病毒必须在生物安全P2以上实验室或在生物安全柜进行的规定，在没有安全防范措施的普通实验室操作。

——人员配备不严。大量使用缺乏专业知识的研究生和进修人员从事高风险研究，没有对有关人员进行严格的生物安全知识培训。

——健康监测不到位。违反卫生部制定的《实验室人员健康监测制度》、《事故报告制度》等规定，对实验室人员出现多次发热等异常情况没有及时上报，也未采取必要措施。其中有两位实验室人员发烧，一位住院两周，竟然没有引起重视，没有报告。

——执行制度不认真。违反卫生部等四部委关于P3实验室实行双人准入的制度，多次出现单人操作。

这个事例告诫我们：忽视责任，往往预示着灾难的起源。只有时刻牢记每个人应遵守的规则和承担的责任，才能杜绝类似事件的再次发生。古人有“当官不为民做主，不如回家卖红薯”的说法，现在的人也爱说“在其位、尽其责”。忠于职守、勤勉尽责是一名工作人员起码的职业操守和道德品质。为了让我们农民工有个安心的工作和幸福的家庭，请做到在岗一分钟，安全六十秒。

3.

责任到位，安全才能保障

每个生产经营单位都是一个复杂的系统，它由许许多多的单元组成，每个单元就是一个工作岗位。如果每个工作岗位都安全了，那么整个生产经营单位也就安全了。因此，工作岗位的安全生产，是整个生产经营单位安全生产的基础。只有切实抓好每个工作岗位的安全，才能确保整个生产经营单位的安全生产。

岗位就意味着安全责任，在其岗就要负其责。我们农民工的岗位，需要的是一份安全责任。在岗一分钟，安全六十秒，我们每个人都应该做到这一点。农民工是企业责任承担的主体，有着强烈责任心的农民工，是岗位责任制落到实处的保证。一个具有安全责任的农民工，就是工作的“保险丝”。

2002年8月，年仅33岁的央视《夕阳红》栏目主持人沈旭华因为一场“意外”事故，失去了宝贵的生命。那一天，沈旭华与朋友相约在北京某餐厅吃饭，并订了二楼的一个包间。这家餐厅小有特色，在价格、口味上也不乏可圈可点之处，生意极为红火，但一切都随着沈旭华的这场事故发生了改变。

原来，沈旭华所订的这个包间紧临消防通道。当时，沈旭华为接电话来到了消防通道门旁，并推门进去，不料尚未完工的消防通道内不仅没有灯，而且没有栏杆，沈旭华在走了一步之后就从二楼直接摔到了一楼。更令人不解的是，沈旭华坠楼一个小时后，才被一个走错道的送材料工人发现。

惨剧发生后，这扇通往消防通道的门被人用软链锁锁上，在门上贴上一张白纸，上面写着“消防通道，非紧急情况禁止通行”。可惜这一切都无法挽回沈旭华意外逝去的生命了。

消防责任有专人负责，假若餐厅的工作人员稍稍有些责任心，便会采取一些措施去避免此类事件发生，如白天施工结束后，施工人员在门上加把锁，或者是在通道内装上灯并设置简单的警示标志。然而，这家餐厅就是因为缺乏责任感而留下了责任空白，而这份责任空白的填补却是以生命为代价。试问，一家餐厅虽然岗位责任清楚，却不能将责任落实到位，保护顾客的生命安全，哪怕它经营得再有特色，又有谁敢前去消费呢？

我们每个人在企业中都有自己的岗位，这就要求我们要承担起自己相应的岗位责任。只有明确自己的责任，才能更好地承担责任。

2007年5月12日3时34分，88874次货物列车牵引着4069吨货物从太行山呼啸而来。一辆辆快速运动的重车划破了深夜的寂静，列车带起的风裹着太行山谷深夜的寒气和铁路沿线的煤灰，直往何宗伟的脖子里钻。

何宗伟像往常一样，一边眯着眼挡着列车带起的煤灰，一边仔细观察和认真倾听车辆的运行状态。“咔嚓、咔嚓……吱……吱”不规则的异声让何宗伟警觉起来。随着异声，一个飞转的“火轮”从何宗伟眼前闪过。

“不好，车辆有故障！”何宗伟拿起对讲机就对值班员紧急呼叫：“停车，停车……”

随着一阵刺耳的紧急制动声，88874次货物列车停了下来。经检查，该列车第17列车辆的前台车中心盘脱出，摇枕严重歪斜，旁承错位，车轮发热，轮缘被严重划伤……就这样，何宗伟防止了一起随时都有可能发生的重载货物列车颠覆事故。

何宗伟得到了郑州局和济源车务段联合给予的1万元安全奖励。

何宗伟立功受奖后，整个济源车务段引发了对何宗伟防止事故是“偶然”还是“必然”的争论。这种争论在郑州局党委的

“干预”下迅速在全局传播。在随后的7个多月时间里，“学习何宗伟，安全立新功”成为郑州局开展安全主题教育活动的重要内容，“何宗伟现象”在郑州局悄然形成。当年年底，郑州局党委根据“何宗伟现象”编辑出版了《责任的力量》一书，并在济源车务段举办了隆重的首发仪式。

“当一个人的良好安全行为变成一种现象时，铁路安全生产就有了坚实的基础。”郑州局党委领导对“何宗伟现象”有着更深的理解。近年来，无论刮风下雨还是酷暑炎热，只要是接发列车，何宗伟都会习惯性地做到：上看装载加固，下看车辆走行，中看车门扒乘，后看尾部标志。

这种良好的工作习惯是何宗伟防止事故的根本原因，自然值得在干部职工中传扬。

在一家企业里，每个人都有自己的工作岗位，每个工作岗位都含着一份责任。职责是对本职工作内容、工作范围、工作要求、工作责任的明确规定，按职责进行工作才能保证企业建设的规范、有序、协调、健康发展，才能有效防止事故的发生。按职责来追究责任，板子打在具体责任人身上。平时布置工作下达任务，都要以职责为依据，不能随心所欲，这是做好农民工安全工作的重要保证。

4. 多一份责任感就多一份安全

在工作中，不同的工作态度决定了不同的境遇，有的人成为公司里的骨干农民工，得到老板的器重；有些人牢骚满腹，碌碌无为。造成这两种截然不同的工作态度的原因就是责任感。不同的态度和服务,区别就在于责任感。责任感是一个人对自己的所作所为负责。有责任感的人会努力工作;有责任感的人会听从安排;有责任感的人说到做到。当你拥有了工作责任感后,一切的思想观念都会转向积极的。对农民工来说,能够主动承担责任的工作心态就是有责任感。

李平是一家大型滑雪娱乐公司的普通修理工。这家滑雪娱乐公司是全国首家引进人工造雪机在坡地上造雪的大型公司。一天深夜,李平照例出去巡视,突然看见有一台造雪机喷出的不是雪而是水。凭着工作经验,李平知道这种现象是由于造雪机的水量控制开关和水泵水压开关不协调而导致的。他急忙跑到水泵坑边,用手电筒一照,发现坑里的水已经快漫到动力电源的开关口,若不赶快采取措施,将会发生动力电缆短路的问题。这种情况一旦发生,将会给公司带来严重损失,甚至可能伤及许多人的性命。一想到这里,李平不顾个人安危,毅然跳入水泵坑中,控制住了水泵阀门,防止了水的溢出。随后他又绞尽脑汁,把坑里的水排尽,重新启动造雪机开始造雪。当同事们闻讯赶过来帮忙时,李平已经把问题处理妥当。但由于长时间在冷水中工作,他已经冻得走不动了。闻讯赶来的老总派人连夜把李平送入医院,才使他转危为安。李平出院后,老总马上将他提拔为公司的副经理,负责公司的重要事务。

责任感的最大受益者是我们自己。因为一种对事业高度的责任感和忠诚感一旦养成之后,会让你成为一个值得信赖的人、可以被委以重任的人,这种人永远不会失业。其实一个人能力的大小,知识只占了20%,技能占了40%,态度也占到40%,而一个人最重要的态度就是责任感。一件事情做得好与坏,就看做这件事的人在怎样做,是怀着什么心情在做,是不是用心在做,是不是以高度的责任感在做。当一个人真正用心做事的时候,他就会一丝不苟地把事情做到最好。

2011年9月26日,在新乡桥工段东明线路车间,郑州客车车辆段新乡运用车间安全员杨光的报告,犹如石击潭水,在职工中产生了阵阵涟漪。

"有人问我,为什么能够在短短10天的时间里连续发现11起转型架裂纹故障,这里面有什么诀窍吗?我想和大家说,防止事故有诀窍,那就是'用心负责'。"

今年2月28日,杨光在对L1231次列车进行入库质量检查时,发现34722号车辆转向架有一道70毫米的裂纹。10天前,他在检查L238次列车时,也发现了一起转向架裂纹故障。

"这次发现的裂纹会不会在其他同类型的车上出现呢?这顿时让我感到了问题的严重性。我不敢有丝毫怠慢,迅速通过车间KMIS系统,调出了136辆同类型车辆,逐一排查。几天后,在排查的车号里,我又找到了一处裂纹,和2月28日发现的一模一样。我感到既兴奋又紧张,兴奋的是终于找到了规律,缩小了检查范围;紧张的是一定还有没被发现安全隐患的车辆在线路上运行……"报告时,紧张的神情再次回到了杨光的脸上。

后来,经过10天的努力,杨光又在其他7辆车上发现了9起相同的裂纹隐患。"作为安全员,我对这个隐患反应异常强烈。我想,这个隐患不是偶然的,我们段其他两个客技站也有同类型的车辆。我第一时间就打电话过去,向他们通报裂纹情况,告诉他们故障的部位和检查方法……"杨光说。在杨光的建议下,郑州客车车辆段对全段相同型号的客车进行了普查,先后发现了数起同类安全隐患。

杨光发自内心的表白,赢得了现场职工经久不息的掌声。

每个农民工,无论从事什么样的职位、做什么事情,都有与之相对应的责任,也会有与之相应的权利。你有多大的权利,就必须负起多大的责任,如果你企图推脱责任,那么最终你也将失去所有权利。任何对于岗位责任的推脱、不满或抱怨,带给企业组织的只能是破坏和无效的。所以,我们农民工要勇于承担自己的岗位安全责任，不逃避不退缩。企业界一个个鲜活的实例告诉我们，只有坚持了岗位就是责任这一重要原则，我们的农民工才能更好地随着企业的发展而进步。

现实中，我们大多数农民工责任意识是比较强的，工作中是认真负责的，工作成效也是显著的。但毋庸讳言，也确有不少员工责任意识淡薄，缺乏应有的责任感和敬业精神，工作得过且过，做一天和尚撞一天钟，甚至个别农民工处处从个人利益出发，计较个人得失。在这些员工看来，工作不过是为了赚点钱花，在工作上稍微有一点困难，他们脑海中马上就会浮现出许多借口。这是非常错误的做法。只有将责任根植于内心，让它成为我们脑海中一种强烈的意识，才能保障安全，才能将隐患彻底消除。一个企业就像一台高速运转的机器，任何一个零件出现问题都有可能带来毁灭性的灾难和不可挽回的损失。如果农民工不能尽职尽责地做好自己的安全工作，任何一点小小的失职都可能造成巨大损失。

5. 尽职尽责，让工作与安全同行

安全是个老生常谈的话题，天天在讲，年年在讲，月月在讲，时时在讲，讲得很多农民工都厌烦了，埋怨说：“天天讲安全，回回讲安全，讲来讲去就是安全意识、安全规程，听都听烦了，谁人不知，谁人不晓，真是浪费时间。”可是真正在工作中，恰恰是这些抱怨的人容易出事故，因为他们没有真正意识到安全的重要，没有真正负起安全的责任。

自从摸到汽车的方向盘，“安全”两字就刻在了邱金泉的心上。“1980 年进入部队就是汽车兵，1985 年退伍后成了客运大巴车司机，实际驾龄有 32 年了。”邱金泉当大巴车司机 27 年左右，在公路上安全行驶无事故 252 万公里，相当于沿赤道绕地球近 63 圈。但对这个数字，邱金泉并不是很满意，“杭州有个大巴车司机安全行驶 300 万公里以上，虽然我不一定能超越他，但我希望在我的职业生涯中，安全行驶能够破 300 万公里。”

邱金泉目前是嘉兴至宁波线路的大巴车司机，一年的行驶公里数在 12 万公里左右，离破 300 万公里的目标其实不远。从开杭州“东风”到扬州“东风”，再到现在的“北方”豪华大客车，这 27 年来，如何开好安全车，邱金泉的心得是：平和轻松的心态、良好的生活习惯、充足的睡眠、遵章守规、坚持中速行驶、学习业务技术等。

如果车子发生一点小故障，邱金泉宁愿让乘客多等几分钟，也绝不上路。2011 年的 11 月的一天，邱金泉跟往常一样开着大巴车往宁波方向驶去。当天下着大雨，刚上了高速公路，突然发现油门有点失灵，他马上从高速挡换到低速挡，并在路边停车。“检查后发现是雨刮器坏了，影响了油门，问题虽然不是很大，但从安全的角度出发，我跟乘客商量后，决定还是返回车站，重新换了一辆大巴车。”

让邱金泉没有想到的是，他向单位反映这件事，并提出雨刮器存在质量问题的看法，当即引起了单位领导的重视，并发现这批车辆的材料确实存在问题。汽车生产厂商还给邱金泉送来了锦旗，对他表示感谢。

工作中，责任就是农民工安全的保证。只有每一个农民工自己重视安全、牢记安全生产制度、自觉按照生产安全操作规程一丝不苟地开展工作，岗前充分准备，岗上高度重视，思想不麻痹，操作不违章，不违犯劳动纪律，不忽视小事，时刻把安全记在心上，才能保证安全。有着强烈安全责任的农民工是公司的栋梁，由这样的农民工组成的企业安全有保障，生产才能红红火火，才能打造最具竞争力的企业。

柏林煤矿瓦斯检查工喻朝平，一名普通的共产党员，一名优秀的群监员，既没有传奇的经历，也没有惊人的壮举，可他却像一块燃烧的煤，把自己的光和热无私地奉献给通防工作，奉献给矿山。他从干瓦斯检查工作的第一天起，始终发挥好群监员安全哨兵的作用，靠诚心把好职工群众思想认识关，靠细心把好井下现场安全质量关，靠铁心把好各项制度的监督落实关。10年来，他认认真真履行了一名瓦斯检查员、群监员的职责，为矿的安全生产尽了自己的一份力量，他本人也多次受到矿表彰，2005年、2006年、2007年连续三年被评为柏林煤矿"岗位技术能手"称号。2006年、2007年在矿开展的"一通三防"知识竞赛中获得第一名。2007年获党员先锋工程优秀共产党员称号。2009年在矿开展的"手指口述"演练竞赛中获得第三名，2010年5月，在达竹公司工会开展的瓦斯检查工职业技能竞赛中获得第一名。2000年，喻朝平到瓦斯检查班当了一名瓦斯检查工，在煤矿当一名瓦斯检查工必须是一个"万金油"，煤矿安全、自救互救与创伤急救、典型事故案例分析等知识，每一个都必须全面掌握，缺少任何一项知识，都当不好一名瓦斯检查工。在工作中，喻朝平始终坚持向队干、技术人员及班长、老工人学习，掌握瓦斯检查、"一通三防"管理技术和知识，由于学习认真，他很快掌握了岗位知识，成了通维队的一名行家里手。

在瓦斯检查员中，每一个瓦斯检查员对自己所检查区域的瓦斯、"一通三防"都能做到心中有数，但对现场中遇到的有些技术问题就不得而知了，而喻朝平就喜欢积极探索瓦斯出现异常情况的处理。2010年9月，柏林煤矿0829工作面因通风阻力大，工作面上下出口安全通风成为主要问题，并且容易引起上隅角瓦斯积聚，喻朝平与通维队队干、技术人员一道积极解决0829通风阻力问题，通过多次探索发现，在采后段另外设置两组风障，并随时检查通风情况，从而保证了0829机巷通风问题，确保了安全生产。

安全能否落实，关键在于农民工责任是否落实。农民工的安全责任，就是企业的竞争力。安全责任是企业的灵魂，不承担安全责任的企业，就不可能有健康的发展。近些年来我们的国家发生了许多大的灾难，除了自然的灾害以外，就是人为所致。据统计，因为个别人不负责引起的灾难占据了全部灾难发生中的7%左右，导致了无数家庭的不幸，也造成了国家经济巨大的损失。我们是企业的一员，从事着平凡而又重要的工作。我们常常说“安全生产要警钟长鸣”，这是因为安全工作的特殊性，容不得丝毫的懈怠，要求我们时刻牢记让工作与安全同行。

第四章

严守安全规章，养成遵章守纪的好习惯

1. 作业现场要安全，依靠制度来规范

农民工严守安全规章是实现安全的基础工作，也是最重要的工作，马虎不得。安全规章制度是生产经营单位贯彻国家有关安全生产法律法规、国家和行业标准，贯彻国家安全生产方针政策的行动指南，是生产经营单位有效防范生产、经营过程安全生产风险，保障从业人员安全和健康，加强安全生产管理的重要措施。我们知道企业生产的主体是人，管住了人，也就抓住了安全生产的主要矛盾。但约束人的是制度，制度是保证安全生产的基石，所谓“没有规矩，不成方圆”，这就需要生产经营单位经过全方位的分析，从而制定出一系列的制度来保障生产中的安全。企业的规章制度就是安全的“紧箍咒”，只有念好安全的“紧箍咒”，才能保障农民工安全，如果稍有松懈，危险就像刚刚逃出五指山的孙悟空，不知道什么时候会带来怎样的灾难。

2003年1月，黑龙江省方正县宝兴煤矿发生了震惊全国的特大瓦斯爆炸事故。当时在井下作业的36人，除2人距离井口较近脱险外，其余34人全部遇难。国家煤矿安全监察局组织的联合调查组调查后确认，这是一起由于违章作业引发的重大生产责任事故。

令调查人员震惊的是：在事故发生前的70多分钟里，安全监测系统曾10次发出瓦斯浓度超标警告，其中最严重的一次，警告显示：瓦斯浓度达到1.72%，报警时间持续5分多钟！

国家《煤矿安全规程》明文规定，井下的瓦斯浓度超过1%时，首先应当停电，然后采取措施；瓦斯浓度超过1.5%时，作业人员必须马上撤离现场。

当天的值班调度员李景恩在计算机屏幕上看到瓦斯浓度超标的警告后，当即打电话联系了井下操作人员。当时在井下负责技术工作的李佩才在电话里说了一句“我知道了”，就挂了电话。

煤矿负责人说，瓦斯发生爆炸的低限浓度是5%，而安全监测系统设计为瓦斯浓度达到1%时就开始报警，这是非常重要的预警信号。但工作人员李佩才不按规程办事，对报警无动于衷，是导致事故发生的重要原因。

工作中一定要按章办事，只有这样才能保障安全。规章制度对执行者来说，是一种约束人的行为工具，在执行中存在着自觉和不自觉两种态度，因此，企业虽制定有严格安全制度，但还是有个别不自觉执行者存在，所以，就会出现安全事故隐患。

在日常的生产工作中，由于管理上的失误，部分农民工安全意识淡薄、自我保护意识不强、对有效的安全制度执行不力等主客观原因，致使一些工伤事故频频发生。十起事故，九起违章。但一些农民工对此并不重视，尤其是工作时间长了，更不把危险当回事，把操作规程和要求抛在脑后，想怎么干，就怎么干，结果造成了无法挽回的损失。

2004年7月14日，重庆市江北区石马河山水丽城工地开始拆卸一台塔机，9时30分左右，在拆卸第二个标准节时，塔机顶升套架及以上部分突然向前臂方向倾翻，造成塔机上操作和拆卸人员4死1伤的重大事故。

事故设备为QTDF40—Ⅱ塔式起重机。主要结构倾覆状况：塔机顶升套架及以上部分结构（前后臂、塔帽、过渡节及顶升套架）整体向前臂方向倾翻于地面上。余下的塔身共有13个标准节(含一个基础节)立于原基础上,但已向倾覆方向倾斜。其中最顶部标准节前侧两主弦杆分别有受压的变形。平衡臂翻转180°后落在前臂方向,3 块配重落于距塔机中心 24m 处的地面上,配重数量符合出厂要求。事故时结构拆卸状况及倾覆时的吊重情况:距塔机中心 20m 处地面有一节已拆卸的标准节,吊钩仍挂在标准节之上。倾翻的顶升套架及塔帽倒立在前臂方向(斜靠在建筑物上)。准备拆除的第二标准节在顶升套架内,已被放置在引进小车平台上,其与塔身相邻标准节的连接已拆除。处于平衡臂尾部的配重移动机构已失效,配重运行轨道无配重滚轮运行痕迹,可以确定在拆卸作业时未移动配重。据事故调查组对拆塔现场的塔机操作工姜道开调查笔录,在拆卸第二个标准节过程中,作业人员用起重小车吊起被拆卸下的第一个标准节,并在发生事故时,启动小车变幅向外运行。

据有关部门调查得出力矩不平衡是塔机倾覆的直接原因。根据该机使用说明书要求,在升(降)过程时,应将配重移至靠臂根 6.225m 处,要求起重小车吊一标准节,移至靠塔身端,并放置在行进小车上,起重小车再外移 1m,在拆塔机作业时,必须移动配重进行平衡。但塔机作业人员在拆卸塔机过程中未按说明书规定移动配重,而是用起重小车吊运 1 个标准节来配平,造成塔机存在不平衡的倾覆力矩;并且在拆卸过程中,将已拆卸连接瓦套的标准节放置于行进小车平台时,吊另 1 个标准节向外变幅运行起重小车,此时更加严重违背了塔机安拆操作规程“在顶升过程中不能做升降、回转或变幅运行”,使不平衡倾覆力矩继续增大,导致了塔机顶升套架之上结构整体向前倾覆于地面上,造成事故。

不难看出,这又是一件违背规章制度的教训。一台设备运行得正常与否,和人的操作、维护和保养是分不开的,而正常的操作、维护和保养更是离不开操作规程。只有通过安全规章制度的约束,才能防止安全管理的随意性，才能有效保证企业在生产过程中做到以人为本，保障农民工的合法权益，保障农民工的生命安全。

2. 谨守“三不伤害”原则，念好安全工作的“紧箍咒”

“三不伤害”融会了中国古人的智慧。中国传统道德讲究自身修养，就是自爱，自己不伤害自己；佛家讲“不恼害众生”，蝼蚁之命上不能伤害，这也就是不能伤害他人；而现在整个社会讲和谐，和谐就是不彼此伤害，也就是不被他人伤害。“不伤害自己，不伤害他人，不被他人伤害”，虽然每个人也都记得非常清楚，但是真正理解的有多少？如果反复分析思考，你会发现这寥寥几句话竟然概括了所有的安全条款，几乎涵盖了所有农民工应遵守的安全管理规章制度，体现了《安全生产法》的所有内容。比如规范穿戴劳保用品，就是为了不伤害自己；严格操作，不违反制度，就是为了不伤害自己的同时也不伤害别人。提高安全意识，增强安全技能就是为了防止自己承担别人的错误，也就是不被他人伤害。“三不伤害”没有人怀疑，也看似简单，但是能把简单的事坚持做好就是不简单。

在伊索寓言里曾有这样一个故事：

一只蜜蜂飞越千山万水来到奥林匹斯山，把蜂蜜献给众神之王、主宰世间一切的宙斯。宙斯对蜜蜂的奉献很高兴，就答应给它所要求的任何东西。蜜蜂于是请求宙斯说：“请您给我一根刺，如果有人要取我的蜜，我便可以刺他。”宙斯很不高兴，但因为已经答应，不便拒绝它的请求，于是宙斯回答蜜蜂说：“你可以得到刺，但那刺留在对方的伤口里，你也将因为失去刺而死去。”

安全工作中，害人就是害己，肇事者要不因为自己的错误受到了伤害，要不因为自己的错误而受到法律的制裁。所以，我们农民工需要谨守“三不伤害”原则。它是我国为减少人为事故而采取的在施工过程中施工人员的一个互相监督原则。

不伤害自己是指你的安全是公司正常运行的基础，也是家庭幸福的源泉，有安全，美好生活才有可能。在工作中你要保持正确的工作态度及良好的身体心理状态，保护自己的责任主要靠自己。掌握自己操作的设备或活动中的危险因素及控制方法，遵守安全规则，使用必要的防护用品，不违章作业。任何活动或设备都可能是危险的，确认无伤害威胁后再实施，三思而后行。

不伤害别人是指他人生命与你的一样宝贵，不应该被忽视，保护同事是你应尽的义务。你的活动随时会影响他人安全，要尊重他人生命，不制造安全隐患。对不熟悉的活动、设备、环境多听、多看、多问，必要时沟通协商后再做。操作设备尤其是启动、维修、清洁、保养时，要确保他人在免受影响的区域。

不被别人伤害是指人的生命是脆弱的，变化的环境蕴含多种可能失控的风险，你的生命安全不应该由他人来随意伤害。你要提高自我防护意识，保持警惕，及时发现并报告危险。把你的安全知识及经验与同事共享，帮助他人提高事故预防技能。纠正他人可能危害自己的不安全行为，不伤害生命比不伤害情面更重要。

“三不伤害”说起来容易做起来难，在工作中，违章作业伤害自己，违章指挥伤害他人，这样的案例有太多太多，这样的悲剧也有太多太多。所以我们农民工在生产过程中应谨守“三不伤害”原则，主动参加安全培训，学习安全技能，掌握操作方法，做到不伤害自己；养成遵章守纪的习惯，领导在与不在一个样，有人检查和没人检查一个样，不偷懒，不冒险，不违章，不放过任何隐患，做到不伤害别人；提高识别和处理危险的能力，做到不被别人伤害。

我们农民工在思想上要把别人的生命看得和自己的生命一样宝贵，不能因自己的错误，给他人的生命健康带来伤害。只有做到“三不伤害”

才能保证安全生产的环境，也才能保障安全生产过程。

3. 安全规章血写成，人人必须严执行

关于安全规章，有一句流传最广的格言：规章制度血写成，不要用血来验证。可以说，每一个安全制度在形成过程中，都有过惨痛的教训。

有这样一个真实的故事：多年以前，国铁有一个工作人员在现场检查工作，当他结束工作准备返回时发现外侧股道上停着很长的车列，他没有跳车，沿着车列走到尾部，准备从轨道上步行穿越。就在他正从车辆尾部通行时，车辆突然开始进行推进作业（机业将车列向尾部方向推进），这时，这个管理人员来不及避让就被压倒在巨大车列的铁轮之下——惨剧发生了。

这个惨痛的事故发生后，在国铁的安全规章里便多了这么一条规定：作业人员从车列尾部通过轨道时，要与车尾保持五米以上距离——这个生动的案例真实地告诉我们：条条规章血写成。经验来源于实践，每一条规章的由来都是以事实为基础的，规章从最初建立到不断完善，是一个管理进步的过程，也是一个教训积累的过程。

安全规章是农民工做事必须遵守的尺度。安全规章的灵魂在于执行。著名企业家张瑞敏说："制定一项好的制度不易，能够坚决执行则更重要。"藐视制度是不能允许的，藐视安全制度更是不可原谅的。因为，遵守安全制度，不仅是企业的要求，更是我们农民工自身安全的需要。

2010 年 6 月 15 日下午 3 点，某船船东通知涂装车间明某将某船 111 分段挂舵臂上的吊耳马脚割除。明某通知了分段车间，分段车间负责人通知了该分段承包建造单位乙公司。乙公司现场主管白某接到通知后要求办理动火申请。随即，分段车间现场管理人员朱某填写了《三级明火作业许可证书》，对作业前施工方已采取的防范措施进行确认签字后向安环部申请动火许可。安环部安全员颜某接到朱某电话申请后，未到作业点察看，则提出“要有监护人和高空作业挂好安全带”两点防范措施，并于 15∶30 分签字批准动火。白某得到动火许可后，通知工人宾某、孙某到 111 分段挂舵臂顶部割除吊耳马脚。15∶40 分，宾某站在挂舵臂顶部减轻孔内作业时，减轻孔内突然发生爆炸，宾某被气流冲出减轻孔摔落至分段表面后又坠落至地面。后经抢救无效死亡。

分析事故原因，发现：

①减轻孔内油漆挥发，形成爆炸性混合气体，宾某割除马脚时产生的火花溅落至减轻孔内，引发气体爆炸是事故的直接原因。

②分段车间朱某、安环部安全员颜某未能检查动火点周围相邻的舱室、空间是否存在易燃易爆物品和测爆，擅自批准动火。

③某船 111 分段建造、油漆，存在多个承包单位。

④安排未取得特种作业资格证书的工人宾某从事气割作业，作业时未能按照高处作业规定和动火许可证提出的要求系安全带。

在农民工安全工作中，安全规章的培训是最基础、最重要的内容，认识规章，了解规章，是为了避免更大的伤害。

安全规章的基本要求是：第一，严格遵守工作时间，充分合理地利用工时。要按时上下班，遵守规定的吃饭和休息时间，不迟到、不早退、不旷工,不在工作时间内干与生产任务不相干的事情,不弄虚作假。要尽量提高生产效率,在单位时间内尽可能地多干活,多出产品,保证质量。第二,忠于职守,认真履行岗位责任。要提高工作效率,在同等的时间内实现工作成果的最大值。要严格按照岗位责任制行事。要按照分工,各司其职、各负其责,谁失其责,当加追究。现代化大生产要求农民工有高度的责任心,漫不经心、玩忽职守、不负责任,是绝对不容许的。第三,认真执行操作、技术规程和劳动保护、安全技术规则。规程和规定是根据科学技术和生产的客观规律以及生产组织的分工制定的,是产品质量的技术保证,也是劳动者生命安全和工厂设备安全的技术保证。它不是随心所欲制定的,是经过生产实践反复检验的,必须严格照此执行。第四,爱护机器、设备、工具、原材料。机器、设备、工具和原材料是生产资料,没有这些东西,生产就无法进行,因此我们必须十分珍惜和合理使用,做好维护保养工作,厉行节约,保证其正常运转和合理使用。第五,坚持质量第一方针,努力生产优质产品。安全规章制度的好坏归根到底要通过我们生产的产品来体现,产品如何,又可以从一个侧面检验我们的劳动纪律。一定要有"质量第一"的观念,要严格产品的质量标准,努力避免和减少废品、次品。第六,服从管理,听从指挥。在企业中各道工序,每个部门之间存在着密切的联系,从班组长、部门主管到总工程师、总经理,都担负着保证生产计划、任务落实和完成的责任,每一个劳动者都有责任支持他们的工作,服从他们的安排,听从他们的指挥,这是分工的需要、工作的需要、生产的需要。

一个星期六,A矿采矿车间采矿班风钻工解某如往日一样在上夜班。到了班组,开完班前安全会,解某开始上岗作业。来到采场130—6#掌子面,解某心里琢磨着明天要和女朋友见面,心里特别美,这让他干劲十足,于是使劲地打炮眼。当打完第6#峒子的炮眼之后,解某听说当班只有一名爆破工,当班要放5个峒室的炮,肯定会晚下班,这样的进度必定影响第二天约会,于是,解某决定帮爆破工李某干活。解某主动找爆破工李某要来了雷管、炸药，就独自一人进 6# 峒子内进行装药填塞工作。炮装完之后，解某掏出打火机用明火直接点炮，把九根导火索烧着。炮点完后，就一个接一个地响了，解某还没来得及退出峒子避炮，炮飞石已把他打倒在峒内。6# 峒子炮响完之后已是第二天清晨 7 时 30 分，准备下班的工友未见到解某，马上进峒子里去找，结果发现解某已被打伤，于是迅速将他抬送矿医院进行抢救。由于解某头部受伤严重，在送往矿医院的途中不幸死亡，年仅 20 岁。

从事故的主要原因分析来看，解某是风钻工，不应该干爆破工的活。他这样的行为是严重的违章作业。解某还违反了“严禁用明火点炮”的安全规定，并且在没有安全监护人的情况下，一个人在峒子内装药、放炮。这些违章行为最终导致了悲剧的发生。可见，要成为一名合格的农民工，首先就必须严格遵守安全规章制度，不仅要自己严格遵守，还要督促大家、带动大家一起严格遵守。

4. 规章是安全的保障，忽视规章就会出事故

在日常工作中，一个合格的农民工最起码要严格遵守安全规章制度。现有的许多安全规章制度是前人总结出来的，不少安全规章制度是付出了血的教训才得出的。每一个劳动者都必须自觉遵守。

据调查统计，企业所发生的绝大部分事故都是由于“违章作业”造成的。从事故统计分析来看，80%以上的事故是由于违章而引起的。因为一次违章作业，原本健康的体魄留下了永远的伤痛；因为一次违章作业，原本鲜活的生命定格在了一瞬；因为违章作业，原本幸福的家庭蒙上了悲痛的阴影；因为一次违章作业，企业或国家蒙受了巨大的损失。一幕幕血淋淋的教训时刻撞击着我们的心灵，不能不令我们痛心。可以说忽视规章就会出事故，也是对自己生命的不负责。

2003年6月8日，连续几天下雨的威海市，到处湿漉漉的。某工地四名民工要将一架小型桩机移到另一座楼前。他们四个用铁锹扛着这架小型桩机，其中三名民工脚穿胶鞋，头戴安全帽，而另一名民工却光头赤脚。由于图省事，移机前没拉下闸刀，桩机在撬动中晃动，电动机壳碰着电线破皮处，桩架立即带电。三名穿胶靴的民工触电之后马上缩手，平安脱险；赤脚民工遭电击之后，仰身倒下，后脑碰着地上硬物。工地当即送他到医院，入院时虽然还活着，终因后脑重伤，抢救无效而死。

这起事故和许多事故一样，其实是不应该发生的，或者说即使发生了，也可以避免。因为《建筑安装工人安全技术操作规程》规定“电气设备和线路必须绝缘良好”，“工作前，必须检查机械”，“确认完好方准使用”。而该桩机电线破皮漏电未检查；带病运作也不知道，以致种下祸根。其次，桩机移架时又不拉下闸刀，这严重违反了建筑工人安全工作的相关规定，终于发生了触电事故。再次《建筑安装工人安全技术操作规程》规定“正确使用个人防护用品和安全防护措施。进入施工现场，必须戴安全帽，禁止穿拖鞋或光脚”。而死者脚不穿胶靴，头不戴安全帽，先遭电击，后撞脑勺，最终抢救无效死亡。仅仅是因为没有检查设备，仅仅是因为没有穿胶鞋没戴安全帽，这看似小事的违章作业，却要用一条鲜活的生命作代价，这种行为是对自己生命的不负责任。

在日常工作中，有些农民工安全意识和遵章守纪自觉性不强，工作图省事、走捷径，“低级错误”成习惯，对老毛病、坏习惯熟视无睹、麻木不仁，致使现场违章屡查屡犯。这是我们要高度警惕的情况。

某冷拉型钢有限公司冷拉车间 7 时 30 分工人开始上班。上班后,车间主任周某对在岗农民工进行分工,冷拉车间共有 9 人在岗,其中盘圆拉丝工 1 人,其他人员都在冷拉大车间工作。拉丝工朱某操作型号为 JZQ650 的卧式拉丝机,工作程序是把 6.5 毫米圆钢拉成 6 毫米的圆钢。

他操作拉丝机将第三盘圆钢快要拉完时(每盘约 150 公斤),发现拉丝机运转不正常,判断机械有故障。他没有采取任何安全防护和断电停机措施,就伸手排除拉丝机故障,结果其左手、右手和上半截身子被卷进拉丝机。9 时 45 分左右,冷拉车间工人解某到拉丝机旁拿工具箱时,发现朱某被绞入拉丝机中。解某立即切断电源,并随即叫来几个人,用大铁剪把钢丝一道道剪断后,救出朱某,但朱某已经死亡。

朱某就是死在了违章之下。在生产现场,违章作业与一些农民工的日常行为规范、工作态度、思想重视程度、个人的情绪等诸多因素有关。有的农民工,尤其是上岗时间不长,对各方面的安全规章制度知之不全、不细,将平时长期形成的行为习惯带到工作中,发生违章了自己都不知道;有的农民工由于行为不规范,干活虎头蛇尾,不按要求、规定、措施进行施工,不听从指挥和别人的正确意见,你说你的,我干我的,毛手毛脚,造成了事故,还不以为然;有的农民工责任心不强,看现场条件不好,完成任务难度大,干活就敷衍了事,马虎凑合,行为与要求相去甚远,自己总感觉不以为是;有的农民工由于家庭矛盾,经济负担重,以及与工友之间不和等情况,造成心情不愉快,工作漫不经心,工作走神,违章了也不知怎么回事。凡此种种,违章作业的频频发生,隐患事故就不会绝迹。

那么,如何让农民工改变多年来习以为常的违章做法,“强迫”他们养成好的习惯呢?方法就是立足岗位,一开始就养成良好的安全行为习惯。只有一开始就抓好人员安全行为管理,从思想上、从意识上、从技能上消除事故导火索,才能有效减少或避免事故的发生。

5. 养成遵章习惯，做个遵章守纪的好农民工

心理学巨匠威廉·詹姆士说：“播下一个行动，收获一种习惯；播下一种习惯，收获一种性格；播下一种性格，收获一种命运。”可见，习惯对我们有着多大的影响，因为它是一贯的，在不知不觉中，影响着我们的行为，左右着我们的安全。既然习惯的力量如此惊人，那么养成安全的习惯将使我们农民工更安全。

有这样一个故事：在一个寺庙里，有个刚入佛门的小和尚跟老和尚学理发，老和尚告诉小和尚：“理发这活，轻不得，重不得，轻了剃不掉头发，重了会削掉头皮，只有不轻不重才行。要想学好，先得找个冬瓜，用力在上面练习。”

小和尚听了后，便找来冬瓜练了起来。刚开始小和尚养成了一个坏习惯，每次练完后，就顺手把理发刀往冬瓜上一插。老和尚见了后，多次劝说小和尚不要把刀插在冬瓜上。小和尚对此一点也不在意。后来小和尚觉得练得差不多了，就给寺里的一个同门理发。头发理完后，小和尚坏习惯不改，顺手就将刀插在同门的脑袋上，结果同门一命呜呼。

良好的工作习惯能确保安全生产的稳定，而坏习惯随时会造成安全事故的发生。可能有的人觉得这个小和尚真笨，明知道是人的脑袋还将刀插上去，其实小和尚并不笨，只是他从一开始就养成了坏习惯，在平时的工作中又不注意改正，最终酿成了脑袋当冬瓜的惨剧。

在企业常常可以看到这种现象：有的农民工安全帽不戴好或象征性地扣在头上就进入施工现场；有的农民工安全带不挂好就登高进行作业，

看到领导来了马上挂好，领导一走立刻摘掉；有的农民工在巡检时不按要求穿戴好劳动防护用品，操作时跟着感觉走而不是遵守安全操作法……这些不良习惯还不时地在我们周围人的身上发生，而事故也就不断地出现。所以，我们应将好的安全习惯的种子埋下，用心去浇灌，当我们养成了安全的好习惯，我们就同样习惯了安全。

一日清晨 7 时 35 分，某矿碎石车间的岗位职工正在打扫岗位卫生，为岗位交接班做准备。因为当时的生产任务紧迫，这时的皮带运输机仍在不停地运输矿石。11# 皮带岗位操作工宋明像往常一样冲洗岗位上的皮带运输机。但心中焦急，为了能按时下班，他不顾皮带还在运行，用橡胶水管冲洗皮带运输机的各部位。当他冲洗完皮带南面的平台后，水管要收到皮带的北面去。这时，宋明走近皮带的主动轮与减速机靠背轮处将水管甩过皮带，因靠背轮缺少安全罩，当时宋明的上衣也未扣好，在使劲甩水管时，宋明的上衣一下子就被靠背轮螺杆挂住旋转，将宋明绞死在了皮带减速机靠背轮下面。

事故原因是宋明违反《安全操作规程》中“严禁在设备运行中冲洗岗位及隔机传递工具物品”的规定。当家人和朋友都在翘首企盼他回家的时候，他却再也没有办法回家了，这是多么惨痛的教训啊。

安全规章制度是事故教训的积累，遵章守纪是农民工安全的保证。为了确保安全生产，我们要切记做一名遵章守纪的农民工。没有规矩不成方圆。养成遵章习惯是搞好安全工作的基础，是企业发展、巩固、提高的保障。

一日深夜 23 点 15 分，Z 矿三车间西方班组 4# 电机车正司机宋某和副司机孙某根据车间调度的安排，到 4# 铲从事剥岩作业。23 时 20 分左右，4# 电机车从采场去东 67 米剥岩场翻车，运行途中，750 伏直流摩电线刮坏 4# 电机车的正弓，电机车被迫停了下来。副司机孙某向车间调度打电话请求停电,正司机宋某趁孙某打电话之机,自作主张,在未得到车间调度许可的情况下,就戴着帆布手套拿着绝缘棒,擅自爬上电机车的棚顶,用右手拉弓子,左手撑在车顶棚边沿上,刚一举棒就不慎触电,从电机车棚顶坠落到地面。副司机孙某见状,赶紧对宋某进行人工呼吸,然后打电话给车间调度,紧急送往矿医院抢救。宋某经抢救无效于24时24分左右死亡,时年25岁。

安全在于习惯,习惯决定安危。这起事故就是典型的不遵守安全规章习惯而造成的。工作中,养成遵章习惯,做个遵章守纪的好农民工才能确保安全。在实际工作中,有的人很少发生事故或者根本不发生事故,甚至一辈子能避免事故,工作几十年,从未遇到过任何危险的事,就是因为他们养成了安全的好习惯,这些人是我们学习的榜样。而有些人却时常违章违纪,意外不断,甚至造成事故。造成这种现象的原因除个人的知识、经验和技术之外,与他们的习惯有着极为重要的关系。大量事实说明,许多工伤事故的发生,正是由于人们没有养成遵章习惯,给安全生产带来严重的隐患。只有严格遵守制度,才能保证安全,否则,再好的规章制度如果不遵守,也不能保证农民工安全生产。

第五章

提高安全技能，
娴熟的技能是安全的“护身符”

1.

娴熟的技能是安全的“护身符”

农民工专业技能是安全最重要的通行证。一个人专业技能的高低，直接影响着他在安全工作中的分量。一个缺乏过硬专业技能的人，应该想尽办法提高自己的专业能力。拥有过人的专业技能，是安全的必要条件。试想，工作岗位事故频发，农民工安全不保，企业损失不断，何来的安全。

有人在浙江省一个中等规模的工业城镇做过调查，这个镇上的人口有七十多万，并且人群构成主要以产业工人为主。在这个庞大的人群中，由于日常工作经常发生很多事故，其中最为典型的就是手部受伤，而且因事故造成的残疾人数也是非常庞大的数字。据《南方农村报》报道，农民工在“珠三角”地区打工造成断指等手外伤事故的数量异常庞大，被称为“断指现象”。断指现象带来了“断指经济”——手外科医院的繁荣，工伤事故与医院数量成正比增加。这只是一个地区人体上的一个部位受伤的情况。我们可以想象，全国因伤残人员的数量该是多么的庞大。

安全技能是安全生产的重中之重，但是农民工安全知识缺乏，安全技能不熟的现象依然存在，一些特种作业的农民工甚至没有从业资格证。毫不夸张地说，这些农民工就是拿自己的生命开玩笑，在向死神挑战。安全技能是人的工作能力的一部分，它受意识的控制较少，并且随时都可以转化为有意识的安全行为。在日常安全工作中安全技能是要通过训练才能实现的，这就要求企业在农民工上岗前进行专门的培训，并且要定期对农民工的生产技能进行培训学习，使农民工的安全生产技能不断更新，达到安全生产要求，更要使农民工熟练掌握安全生产技能，确保岗位安全。

近几年来，党中央、国务院高度重视职工的安全生产培训工作，《国务院关于进一步加强安全生产工作的通知》中指出：要强化企业职工安全培训，企业主要负责人和安全生产管理人员、特殊工种人员一律严格考核，按国家有关规定持职业资格证书上岗；职工必须全部经过培训合格后上岗。可见，娴熟的技能是安全的“护身符”。

“只要吴班长上班，不怕设备不转圈，吴班长冲在前，安全生产无困难。”在绿水洞煤矿索道队，随口念起这样一段顺口溜，大家伙就知道说的是谁，他就是该队大修班班长吴四新。吴四新被职工们亲切地称为“安全生产的行家里手”，多年来，他用自己的实际行动验证着工友们赠予他的这份荣誉。

自担任班长以来，吴四新就不断摸索出一套自己的治班绝招，那就是：平时多流热汗。检修班的工作是地地道道的技术活，稍有不慎就会有违章操作或者造成事故的严重后果。他把提高全班职工的整体素质，作为抓好班组安全生产的切入点。充分利用班前班后会、安全活动日、业务技术学习日的时间，组织职工认真学习上级安全工作指示精神、各工种岗位责任制、操作规程及施工标准，全面提高了本班职工的安全意识和安全生产能力。他还利用业余时间收集、复印各类设备图纸，分发到每一位职工手中，采取班前理论培训、班中对照实物讲解、班后进行考试的系统方式对职工进行业务培训，对理论考试达不到100分者不放过，对实践考核不过关者不允许独立操作。平时，他还把自己的“绝活儿”毫不保留地传授给班组职工。对业务能力差的职工，他主动不厌其烦地与其结成帮教对子进行帮教。

青工小曾，以往是出了名的“违章大王”，其他班组谁都不要他，小曾情绪低落。到了吴四新班组后，吴四新采取班前耐心说教、班中重点监督、班后到家访谈等方式，使小曾摘掉了“违章大王”的帽子而成为一名安全骨干，大伙都说：“吴班长的汗流得值！”

2010 年 6 月，本班职工小杨在转角站打板卡时图省事怕麻烦，没有打牢固就想下班，被吴四新查出，他当即向小杨讲明利害，使小杨明白了自己的过错，主动要求罚款 200 元，全班职工都说：“小杨这身冷汗真值钱！”

每天上班作业前及生产中，吴四新都认真检查安全设施、设备的变化、配件的质量、人员的规范操作情况，对不安全行为及时制止。认真做好安全记录，分析现场，积累经验，掌握安全生产的规律，制订出具有针对性的安全保证措施，全面掌握了安全生产的主控权。他在本班职工中深入推行《月度安全风险抵押考核及月度安全联保、互保考核责任追究制度》，安全生产最佳职工、安全生产最差职工评选制度，全程、全方位地抓好岗位安全责任制的考核落实，公开、公正搞好安全工资的分配，坚持做到班组职工的安全生产业绩与经济收入、岗位竞争相挂钩，充分利用经济杠杆和岗位竞争的双重机制，全面激发班组职工安全生产的积极性和创造性，让遵纪守法的职工尝到了安全生产的甜果，让“三违”职工丢面子、丢票子、丢位置。有一次，吴四新正在长达 1100 米的 17# 至 23# 线路中安全巡视，发现一位职工图省事怕麻烦正在不按规定检修承载绳，他立即制止，并给予严厉的处罚。这位职工下班后到他家求师傅免于处罚，吴四新严厉地说：“这是严重的违章作业，会出大事的，必须按严重‘三违’进行处罚，并在全班进行通报批评。”

“平时多流热汗，关键时刻不淌冷汗”，吴四新所在的班组连续 20 年安全无事故。由于成绩突出，他本人先后被队、矿评为安全先进个人、先进生产工作者等荣誉称号，他所在的班组也多次被队、矿评为安全先进班组、优秀班组。

要搞好生产经营单位的安全生产，最重要的一点就是要提高从业人员的专业技能，这是关键所在。农民工职业技能高，安全才能有保障。因此，熟练掌握现场操作技能，是农民工安全生产的保证。

2. 提升专业技能，夯实自身安全基础

农民工从事的行业主要是第二、第三产业。大多数农民工文化素质偏低，职业技能偏差，有些完全没有技能。因此，很多农民工只能在工厂从事简单重复的工作或者在服务行业从事繁重的体力劳动。由于他们缺乏相应的技能一时间还难以胜任比较好的岗位。因此，提高职业技能对他们来说很迫切。

某供电公司变电站发生保险故障，工作人员李某在处理过程中，走错间隔，并将铝合金梯放在相邻运行的315号开关A相套管间，以致触及导电帽，最终触电身亡。后经过调查发现，事故责任者李某1992年参加工作，经培训考核合格颁发上岗资格证，但10多年来未对上岗资格证进行重新认定。在这种情况下，李某虽然有资格证，但他的操作能力未经有效监控，所以造成了这起安全事故。

某氮肥厂合成车间进行投料开车，上午8时20分，辅锅2号烧嘴熄火；9时10分，经分析确认辅锅炉膛内可燃气含量不超标；9时25分左右，转化岗位操作人员王某来到辅锅处准备重新对辅锅烧嘴进行点火；9时43分，辅锅发生闪爆事故。事故造成辅锅外墙变形，整个合成装置被迫停产7天，直接经济损失8.5万元。

事后调查认为，辅锅点火，正确的操作程序应该是先伸火把，后开燃油。王某点火时粗心大意，按经验办事，多次习惯性违章操作。以前，辅锅燃油使用柴油时，由于柴油挥发性较差，操作人员点火时先开柴油，后伸火把，从未发生闪爆事故。然而此次，燃油已改为焦化汽油，焦化汽油极易挥发，且爆炸范围较小，王某仍然按照原来的方式进行操作，于是发生了这起辅锅闪爆事故，给企业造成了巨大的损失。

这两起安全事故都是因为农民工专业技能知识缺乏而造成的。我们常说:“千金在手,不如一技傍身。”这里讲的一技傍身,实际上说的就是技术业务的重要性。提高安全技能不是命令,而是需求,只有娴熟的安全技能,才能为安全发展保驾护航;只有熟练掌握安全技能,才能保证岗位工作安全;认真学习安全知识,提高安全技能,注重日常生活安全及公共安全,才能真正做到“我会安全”。因此,农民工必须学习、掌握安全生产技能,只有这样才能保证岗位安全。下面介绍几种岗位安全技能知识。

(1)电工岗位安全技能

①电气作业人员对安全必须高度负责,应认真贯彻执行有关各项安全操作规程,安全技术措施必须落实。安装电气必须符合绝缘和隔离要求,拆除电气设备要彻底干净。对电气设备金属外壳一定要有效接地。电气作业人员要正确使用绝缘的手套、鞋、垫、夹钳、杆和验电笔等安全防护品与工具。

②加强全员的防触电事故教育,提高全员防触电意识;健全安全用电制度;严禁无证人员从事电工作业;使用电气设备要严格执行安全规程。

③针对发生触电事故高峰值带有季节性的特点做好防范工作。据有关资料表明,6、7、8、9月发生的触电事故占全年发生数的70%左右,而7月发生数又占事故高峰期的40%以上。在高温多雨季节到来以前,要全面组织好电气安全检查,对流动式电动工具也要做好日常保养、检查工作。

(2)切削工岗位安全技能

①操作者在上岗之前，应通过专门培训，取得相关设备操作证书。

②操作者在上岗之时，应首先熟悉机床特点，熟悉机床安全操作规程，掌握安全技术并接受专业人员的安全操作检查。

③检查机床安全防护装置，机床的危险部分是否有设计合理、安装可靠和不影响操作的防护装置(如防护罩、防护挡板和防护栏等)，是否有松动或脱落等现象。如发现安全防护装置存在问题，应立即组织人员检修，经检验合格后方能启动机器；如发现有松动或脱落现象，应紧固设备、夹具、工件，保持设备处于安全状态，保持工件固定可靠。

④检查机床上的安全保险装置，如超负荷保险装置、行程保险装置、顺序动作连锁装置和制动装置，装置是否齐全，功能是否正常有效。

⑤在切削加工过程中发现有异样，如有异响，有异味，有冒烟冒火情况，有失控现象，应立即停止操作，对设备进行检修。检修应在切断电源后才能进行。

⑥检查生产现场是否有足够的照明，照明能否看清设备和工件的各个部位。

⑦对噪声超过国家规定标准的机床，应查明原因，并采取降低噪声的措施。

(3)焊接工岗位安全技能

①在氧气瓶嘴上安装减压器之前，应用口吹除瓶嘴尘渣，以防尘渣堵塞瓶嘴。严禁使用未装减压器的气瓶。

②乙炔瓶和氧气瓶嘴部及开瓶扳手上均不得沾有油脂，以免油脂吸附灰尘，堵塞瓶嘴。

③乙炔瓶和氧气瓶均应距明火 10 米以上距离放置；乙炔瓶与氧气瓶之间也应保持 7 米以上的安全距离。

④乙炔瓶与焊炬之间应装有可靠的回火防止器。

⑤乙炔瓶与氧气瓶均应放置在空气流通的地方，但不得将它们放置于烈日下暴晒，也不得靠近火源及其他热源地方放置，以免受热膨胀，发生气瓶爆炸事故。

⑥使用焊(割)炬前,必须检查焊(割)炬喷射情况,查看是否通畅,能否正常使用。操作时,应先开启焊(割)炬的氧气阀,待氧气喷出后,再开启乙炔阀。同时,用手检验乙炔接口处,看是否有吸引手指的感觉,如有吸力,说明乙炔管道通畅,这时可以将乙炔胶管接于焊(割)炬接口上。

⑦如在通风不良的地点或在容器内作业时,应先在外面给焊(割)炬点火。

⑧点火时应先开少许乙炔气,待点燃后迅速调节氧气和乙炔气的气量,并按工作需要选取火焰。停火时应先关闭乙炔气,再关闭氧气,以防引起回火和产生烟灰。

⑨在易燃易爆生产区域内动火,应按规定办理动火审批手续。

⑩气焊和电焊在同一地点作业时,氧气瓶应垫上绝缘物,以防止气瓶漏电。

(4)冶炼工的岗位安全技能

①冶炼作业人员必须掌握生产技术,熟悉操作规程,严格按工艺流程去操作。

②加强冶炼原料的管理和挑选工作,严防爆炸品、密封容器等物品混入原料并进入炉内。

③定期检查冷却系统,保持系统畅通,控制好冷却水压和水量,以防止水冷却系统强度不够造成钢板烧穿,导致钢水遇水爆炸。

④严格执行热风炉工作制度,防止由于换炉事故造成热风炉爆炸;严格执行从补炉、装炉、熔炼到出钢整个过程的操作规程,避免由于操作不当造成熔炼过程中的喷溅、爆炸事故。

⑤出钢时,要事先对铁钩、铁水罐、钢水包、地坑和钢锭模进行加热干燥,防止因潮湿引起爆炸事故。

⑥作业人员要穿戴专用鞋、专用手套、工作服和安全帽,以避免身体与高温工件或工具直接接触。

⑦预防中毒。有效地预防废气中毒的办法是加强生产现场的通风,及时排出废气;做好废气浓度的监测工作,及时报告废气中一氧化碳浓度,提示人们采取有效措施;做好个人防护工作,戴好呼吸防护用品。

(5)锻造工岗位安全技能

①锻造作业人员必须经过专门培训，经考核合格并取得上岗证后，方能独立从事锻造作业。否则，这些锻造人员不得单独操作锻压设备和加热设备。

②锻造作业人员应掌握一定的锻压设备保养知识，应定期保养设备，使设备处于完好状态。

③锻压设备运转部分，如带轮、传动带、齿轮等部位，均应设置安全防护罩；水压机应装设安全阀、自动停车装置和启动装置；蓄压器、导管和水压缸应有独立的压力表；动力稳压器应装有安全阀。

④操作人员应熟悉操作规程并严格执行，以防煤气中毒、灼伤、烤伤和电炉触电等事故发生。

⑤操作人员在开始工作前应穿戴好个人防护用品，以减少辐射热以及灼热的金属料头和飞出的金属氧化皮对人体的伤害。

⑥在锻造作业中，操作人员应集中精力、相互配合；要注意选择安全操作位置，躲开作业危险方向(如切料时，身体要避开料头飞出方向)；握钳和站立姿势要正确，钳把不能正对或抵住腹部；司锤人员要按掌钳人员的指令准确司锤；锤击时，第一锤要轻打，等工具和锻件接触稳定后方可重击；锻件过冷或过薄、未放在锤中心、未放稳或有其他危险时均不得锤击，以免损坏设备及模具和震伤手臂，避免锻件飞出，造成伤人事故；严禁擅自落锤和打空锤；不准用手或脚去清除砧面上的氧化皮，不准用手去触摸锻件；烧红的坯料和锻好的锻件不准乱扔，以免烫伤别人。

这是几种常见的安全生产技能，但是时代是在不断进步的，技术也在更新换代，我们的思想意识需要进一步提高，我们的技能水平更需要随着时代“更新换代”，正所谓“活到老，学到老”，所以我们不能只停留在原有的知识技能水平上裹足不前，不思进取。面对更加深奥的理论知识和复杂的技术操作，我们更要跟上脚步，更新自己的“知识库”，让自己的知识技能跟上时代发展的脚步。只有农民工不断学习进步，提升安全生产技能，牢固掌握安全生产技能，岗位安全才有保障。

3. 积极参加安全培训，消除不安全行为

“农民工，特别是新生代农民工的教育、培训，关系到国家经济的增长和可持续性，关系到国家的长治久安。”日前，新生代农民工就业培训与社会融合政策研讨会在北京师范大学举办，全国人大常委会委员、农业与农村委员会委员、中国社会科学院人口与劳动经济研究所所长蔡昉在会上指出了进行新生代农民工职业教育的重大意义。

2007年3月2日上午，河南省某化工公司在生产过程中，3台电炉都进入了正常生产状态。值班电工张某在巡岗检查时发现，距地面2.5m高处的2#电炉电炉高压室35kVA相电流互感器上有异常声音，从高压室返回后便将此情况向班长黄某做了汇报，班长黄某听后没有作任何安排，便自己一人拿了手套去2#炉，张某随即也跟了出去。黄某经过变压器房顺便停了变压器排风扇，就径直走向高压室，爬上支撑互感器的铁架第二层(距地面1.7m)，左手抓在支架的顶层角铁上，然后贸然用右手试探互感器。因室内光线较暗，黄某叫张某把灯拉开，张某转身开灯时，忽然听到黄某的叫喊声，张某发现黄某已被吸上了35kV互感器铝排并产生了弧光。张某见状急喊该电炉配电工停电，配电工听到喊声后立即停了电，此时黄某刚从支架上坠落下来，着地时头部撞在墙角一水泥盖板上，致使摔伤。现场人员急忙将黄某送往医院，经医院检查，发现黄某的右手背及双脚有被电击的伤痕，伤势较重，所幸无生命危险。

黄某的这次事故，就是缺乏安全培训所造成的，黄某贸然用右手试探互感器，缺乏安全意识。张某在发现险情时，不知如何处理，贸然断电，使黄某从支架上坠落，这些都是因为企业没有对农民工进行有效的安全培训，因此，加强对农民工的安全培训，提高他们对安全生产工作重要性的认识，提高自我保护意识，已经成为促进安全生产形势好转的当务之急。

相关调查表明，我国新生代农民工有高中及以上受教育经历的人数在增加，普遍高出传统农民工，但这些新生代农民工仍停留在义务教育和普通高中教育阶段，专门接受过技校、职高、高职等职业教育的人比例尚不足四成(37.5%)。然而研究表明，受过培训的农民工平均收入比简单体力劳动者高 25.44%，每年能增加收入 1500 元左右。

2012 年 8 月 5 日，虽是个周末，但利辛县中星驾校内，仍有一群参加驾驶培训的青年人在认真听教练讲解技术要领。“能学技能，还能领到 800 元补贴，这是以前想都不敢想的事。”学员王学勤笑着说，“技术在手，就业不愁。等咱学好了驾驶，一定能找到一份更好的工作。”

据当地人社部门介绍，去年下半年以来，亳州市所辖 4 县区均采取现金发放财政补贴方式，对包括汽车驾驶员在内的 155 个技能工种进行培训补贴，补贴资金从 200 元至 800 元不等，此举大大激发了农民工参加技能培训的热情。

安庆市迎江区长风乡村民金移也是职业技能培训的受益者。38 岁的她原本在江苏打工，苦于没有技术，很长时间都难以找到合适的工作。今年年初，她返乡参加了农民工就业培训班，拿到电动缝纫机操作工职业资格证，很快在附近一家服装厂找到工作。“每月固定有近 2000 元的收入，且不用与家人分别。”金移对眼下的生活挺满意。

安全教育和安全培训是消除农民工不安全行为最基本的措施。安全教育和培训是安全生产管理工作的重要组成部分，它是提高全体劳动者安全生产素质的一项重要手段。安全技能培训应该按照标准化作业要求来进行。培训是掌握技能的基本途径，但培训不是简单地、机械地重复，它是有目的、有步骤、有指导的活动。在制订培训计划时，要注意以下问题。

第一，循序渐进。可以把一些较困难、较复杂的技能划分为若干简单、局部的部分，练习、掌握了它们之后，再过渡到统一、完整的行为。

第二，正确掌握练习速度。在练习的开始阶段可以慢些，力求准确；随着进展，要适当加快速度，逐步提高练习效率。

第三，正确安排练习时间。在练习开始阶段，每次练习时间不宜过长，各次练习之间的时间间隔可以短些，随着技能的提高，可以适当延长每次练习的时间，各次练习之间的间隔也可以长些。

第四，训练方式要多样化。多样化的训练方式可以提高人们的练习兴趣，增加练习积极性，保持高度注意力。但是，花样太多，变化过于频繁可能导致相反结果，影响技能形成。

4. 掌握先进安全技术，强化安全保障

安全技术是预防事故减轻事故危害的实用技术，是安全科学在实践中的具体应用。很显然，如果一个农民工不懂得其使用设备的安全规程，就像一个不懂设备的人操作设备一样，是相当危险的，也是发生事故的直接原因之一。学习先进安全技术，为企业进一步加强农民工安全意识管理提供了有效途径，为企业进一步规范农民工安全行为提供了有效载体，使企业对“人”的安全管理真正落到了实处，使“人”在安全生产中的主导作用真正得到了发挥。

为了贯彻落实“以人为本”、“关爱农民工”的安全理念，推进现场作业安全管理精细化、标准化、规范化，实现管理重心向操作层、作业层转移，确保作业过程安全，按照上级要求，中石化大通油库在作业现场推行“七想七不干”工作法。

推行“七想七不干”工作法，是实行HSE体系管理的创新和细化，HSE管理体系的核心是危害识别和风险控制，事先预防是HSE管理的精髓。

而“七想七不干”安全工作法，就是在作业前，让操作者从法规、风险、措施、环境、技能、用品、措施落实七个方面进行深思，只要满足了以上七项要求，油库在收、发、存作业过程中就能做到“三不伤害”，就能实现安全生产。

推行“七想七不干”工作法，首先是企业对农民工人身保护的具体表现，保护的是操作者自己，是企业“以人为本、关爱农民工”理念的体现。其次，企业领导处处为农民工着想，想方设法满足保护操作者的安全条件，支持农民工敢于“不干”的举动。把“七想七不干”安全工作法真正落实到基层、落实到作业现场、落实到作业每一个环节。最后，农民工要珍惜生命，爱护健康。在作业之前认真地去想，做到遵纪守法、清楚风险、措施完善、技能胜任、劳保齐备。使安全管理具体化、细致化、人性化，是农民工真正的护身符。安全生产，人命关天，在安全问题上要永远一丝不苟，时刻挂在心上。

通过“七想七不干”活动的开展，广大农民工明确自己应该想什么、做什么、怎么做，什么能干、什么不能干、如何确认、怎么防范等，把“一切事故都是可以避免的”理念贯穿到安全生产全过程中，确保库内安全无事。

安全技术是指在生产过程中为防止各种伤害，以及火灾、爆炸等事故，并为职工提供安全、良好的劳动条件而采取的各种技术措施。安全技术措施的目的是，通过改进安全设备、作业环境或操作方法，将危险作业改进为安全作业、将笨重劳动改进为轻便劳动、将手工操作改进为机械操作。

2000年7月12日15时40分,某镇造纸厂一台锅炉在运行中爆炸,造成1人死亡,1人重伤的重大事故,直接经济损失30多万元。7月12日上午11时30分,当班锅炉操作工赵某对锅炉进行点火升压。1个多小时后,锅炉压力达到0.2MPa,因为纸机车间没有生产(此时纸厂已停电),操作工赵某就擅自脱离工作岗位回家吃饭,中午1时多才返回工作岗位,开始操作锅炉。当锅炉压力升至0.3MPa时,开始向车间供气。下午14时50分左右。因整个造纸厂全部停电,锅炉也停止运行。当第二次来电时,因锅炉房灯泡不亮,赵某让相邻锅炉房操作工李某照看自己操作的锅炉,他去找锅炉班长领灯泡,就在周某返回距锅炉房20多米远时,锅炉突然爆炸,时间是下午15时40分。

事故调查原因是锅炉操作工未经培训,不懂安全技术,盲目操作导致。一个压力容器操作工,不懂得压力容器的安全操作规程,不知道如何使用设备,一旦出现意外情况,如容器压力过大等,那么操作人员就无法对其进行处置,从而引发事故。同样,对于安全管理人员不懂得安全技术,不知道各行业的安全技术标准,其危害程度也是相当严重的。

因为一个企业的安全管理人员是有限的,他们是负责整个企业隐患检查和整改的重要工程技术人员。如果对企业内部的各种设备、设施及场所的安全规程不了解,可想而知,他们就不可能发现隐患,更谈不上去整改,这样隐患就可能扩大,甚至酿成事故。这些方面的事故案例在实际工作中也是经常发生的。比如某些个体小煤矿的安全技术人员,根本不知道煤矿的安全操作技术,当工作人员发现问题时,他们也不予以重视,更不会向矿主提出整改意见,最终酿成瓦斯爆炸、矿井倒塌的恶性事故,给企业和社会造成严重的危害。

古人云:授之以鱼,不如授之以渔。先进安全技术的推行,最重要的是教会农民工保证安全、实现安全的本领。众所周知,在控制事故的措施中，安全技术是最佳的选择，对于农民工来说，掌握安全技术才能保证自己的岗位安全，保证安全生产顺利地进行。因此，要保证安全生产，不但需要正确的思想，还必须要有安全操作的过硬本领，懂得如何按照客观规律办事。这就需要农民工学习先进安全技术。

5.不断学习，成为安全生产的行家里手

在日常安全中，专业技能是搞好所有工作的决定因素，大到一个国家、一个民族、一个企业，莫不如此。所以，从现在开始，提升专业能力，成为安全行家才能保障农民工工作安全。

安全科学横跨自然科学和社会科学两大领域，不但内容广博，而且科学技术知识较前沿，对于长期从事繁忙的工作的农民工，要求其完全精通是不可能的，也是不现实的。但是，不能以这个原因作为不学无术的理由，农民工主动学习安全科学技术，关键是要掌握如何利用社会现有安全科技资源为工作服务。

在职场上打拼的人，能力是你最重要的通行证。拥有过人的能力，是事业成功的必要条件。我们农民工要明白，只有尽快提升安全素质，成为安全的行家里手，才能有效防范事故发生，有力维护人民群众生命财产安全。因此，应该想尽办法提高自己的能力，与你的行业一起与时俱进。不断改进自己的工作是农民工必备的素质，更是一种态度，秉持着这种态度，安全工作才能做到完美。

在枣矿集团甘霖实业公司一提起采煤工区生产班班长邵泽海，职工们无不交口称赞，自从事采煤工作20多年以来，他爱岗敬业，刻苦钻研采煤技术，严抓安全生产管理，对待工作勤勤恳恳、任劳任怨，带领全班人员出色地完成了区队交给的各项工作任务，为企业的煤炭生产建设做出了突出贡献，多次被甘霖实业公司评为先进生产工作者称号，前不久他又被集团公司评为十佳班组长，他所在班组也被集团公司评为十佳班组。

只有加强自身业务技能知识学习，才能带领全班人员更好地完成工作任务。邵泽海勤奋好学，为了熟练掌握采煤技术，他自费购买了采煤专业书籍，并虚心向有着丰富实践经验的师傅学习，很快成长为采煤区队里的一名专业技术型的采煤行家里手。今年三月份，采煤工区开采水平由东大巷十七层向西大巷十六层延伸，采场变化大，生产工艺极其复杂，为适应采场条件变化，实现安全稳产的目标，他组织全班人员认真学习采煤新工艺，结合现场实际，合理调整劳动组织，将全班人员分三个组进行生产，同时制定奖励措施，严格安全、质量、任务目标管理，调动班组职工的工作积极性，超额完成了区队下达的任务目标。

“安全是职工最大的福祉，也是企业最大的效益，无论在任何情况下必须把安全摆在一切工作的首位。”邵泽海是这样要求全班人员的，也是这样带头干的。每天入井前的班前会，邵泽海都认真组织职工学习安全生产法律法规、煤矿安全规程措施，剖析典型事故案例，使安全第一的思想植根于职工的内心深处。在现场管理上，他更是以身作则，一丝不苟，严把安全关口，多次处理安全隐患，避免了侥幸事故发生。今年五月份，邵泽海带领班组人员在十六层西大巷施工中，由于地处断层带，地质条件复杂，顶板管理难度大，危岩悬矸随时都有冒落的危险，他让现场的职工停止作业，撤离到安全地带，自己认真观察周边顶板变化，小心翼翼地铲除了顶板危岩悬矸，并采用木垛进行接顶支护，直到现场达到安全质量标准要求，他才和职工们一起投入生产。

邵泽海以其高度负责的精神、求真务实的作风，带领全班职工默默无闻地工作着、奉献着，多年来他所带的班组没发生过一起安全事故，他所管理的生产现场多次在上级安全质量达标检查中受到一致好评。

在安全生产工作中，要懂得与时俱进。现代社会科学技术的发展日新月异，市场的竞争瞬息万变，企业如要持续进步，只有不断创新。同样，一个优秀人才必须具备学习潜力。只有不断地学习，我们才能不断地超越自我，才有可能取得更高的职位。因此，我们农民工也需要在不断的学习中提高自己的能力，在大量的实践中加强自己的素质。学习能使你少走弯路。通过学习，你将获得成功的资本和胜利的台阶。利用一切机会去学习，不忘初衷，谦虚学习，终生学习。这样保持不断学习力的农民工才是老板和企业最需要的农民工。

安全工作需要与时俱进、不断改进，而农民工往往因为习惯，会固守一些行为，这在安全工作中可能造成的后果是不可想象的，因此安全责任无极限，每个农民工都需要不断地加强自己的安全责任意识，补充自己的安全知识，将安全工作做到最好。

第六章

做好安全细节，不要让细节成为安全的漏洞

1. 安全无小事，日常安全体现在细微小事之中

安全行为体现在工作中的细微小事之中，因为这些小事常常会被人们忽视。无数事实告诉我们，安全工作来不得一丝虚假。安全工作是非常具体的工作，必须认真、深入、细致。每一位从事安全工作的农民工，必须练就思想敏锐、见微知著的本领，抓好安全工作的每一个细节，做好每一件小事。

2009 年 2 月，巴西甲级联赛上演了一场萨尔瓦多州德比大战，维多利亚主场对阵巴西利亚。比赛中，一位激动的女球迷因穿着高跟鞋站立不稳，不慎向前摔倒并压在了其他球迷的身上，并很快引发了长江后浪推前浪的多米诺效应，数名失去重心的球迷纷纷前仆后继地趴倒在了看台上，现场一片混乱。事后，维多利亚俱乐部官方通报了事故的一些细节：一位女球迷因站立不稳失足跌落引发混乱，看台上的观众一度十分惊恐，有一些球迷受了轻伤，很快他们被送到急救车上，医生和护士为他们进行了紧急处理。从事后官方统计来看这双高跟鞋的杀伤力丝毫不弱，受伤的球迷数量超过 50 人，其中不少人被确诊为严重骨折。

穿着高跟鞋看球赛，这样的小事或许谁都不会认为会影响到安全，但它确实就影响到了安全，这就是安全链的强大。“没事的，这里安全，不用戴安全帽”，“我一直都是这样，也没见有什么问题”，“这样既省时又省力，何况大家都是这样，又不是我一个”……正是由于这种思想上的轻视，结果酿成了大事故。任何事物的发生和发展，都是一个由小到大、由量变到质变的过程，当这些不安全的行为成为一种习惯时，也就给日后的安全生产埋下了隐患。

2004年7月21日，×县电业局供电所负责人李××安排电工王××（当天到单位请假结婚，身穿短袖上衣和七分裤、脚上穿着拖鞋）、袁××为一用户改线并安装电能表。两人未办理工作票即赶到现场，经协商分工，王××负责拆旧和送电，袁××负责安装电表。袁××说，你在作业前一定要先把电源线断开后再工作，王××答应一声就走开了。再没有明确工作负责人和监护人的情况下，两个人分头开始工作。王××站在铁质的梯子约1.8米处拆旧和接线，并用验电笔找出零线和火线，先将零线接好，再用带绝缘手柄的钳子剥开火线线皮时，左手不慎碰到带电的导线上，经抢救无效死亡。

王××从事低压间接带电作业时，违反规定，未穿绝缘鞋、未戴手套，未按照规定着装。站在导电良好的金属梯子上进行作业，在用带绝缘手柄的钳子剥开火线线皮时，握线的左手碰到剥开绝缘层的带电导线上，因着装及个人安全防护不符合要求，身体——金属梯子——大地形成导电回路，造成触电事故死亡。

古人云：“千里长堤，溃于蚁穴。”一个小小疏忽，竟付出了惨重的代价。可见，安全工作是非常具体的工作，必须认真、深入、细致。我们每个人所做的工作，都是由一件件小事构成的。把每一件小事做好，体现的正是你的责任感。只有具备了强烈责任感的人，才能铸造完美的细节。尤其是在安全问题上，每一件看来很小的事情，都是天大的责任。生活中，因乱扔一个烟头引起熊熊大火；因未戴一顶安全帽而致人死伤；因未系一条保安绳脱钩矿车撞人而亡……这与著名的“蝴蝶效应”非常相似，微小的变化而带动整个系统长期巨大的连锁反应。然而，正是这些不起眼的小事，正是这些血的教训，使无数人失去鲜活的生命，令多少人遗憾终身。

2004 年 7 月 20 日 8 时 5 分，燃料检修班钱某刚刚接班例行巡视时，发现停运中的移动皮带上部一只立式挡辊过紧，需要调整。钱某没有与上输班联系就动手松动螺丝，而恰在此时，上输班值班员李某正启动移动皮带卸煤。李某既未仔细观察也未发出预警即按下了移动皮带的启动按钮，输送皮带将正在拆螺丝的钱某从 5 米高处带下，摔在 2 米高的煤堆上，造成钱某右手骨骨折、左腿神经韧带拉伤。

魔鬼藏在细节里，安全也藏在细节里。企业中的每一个农民工，都是企业安全的一个小环节，他们的工作质量会影响到整个企业的工作质量。因此，每个农民工都要意识到，自己是整个安全链上的一个至关重要的节点，要实现企业生产经营效益最大化，必须注意相互配合、精诚协作、规避失误，确保各项任务的圆满完成。

2. 做深、做细、做严是搞好安全工作的标准

农民工搞好安全生产工作要做深、做细、做严。做深就是要认真落实安全生产责任制，做到责任明确、考核项目考核标准。要始终做一个有心的人，经常对生产作业情况进行检查，从人员环境和机械设备入手对各种可能发生的事故隐患及早消除，做到超前预防和控制。严格按照“四不放过”的原则来操作。做严就是对安全工作严格管理。加强安全意识，牢记“一失万无”的警示，确保“万无一失”的安全认识。做细就是安全工作要

做细。对安全工作要做到勤检查、细检查。在检查过程中要细致入微，发现问题要及时处理和整改，切忌侥幸心理。这样才能筑好安全生产的第一道防线。

2009年2月9日夜，中央电视台新址配楼发生重大火灾事故。火灾配楼附属文化中心大楼，分为演播大厅、数字化处理机房和北京文华东方酒店，由于该楼尚未完全竣工，楼内的消防设施不全，也没有经过消防验收。起火的文化中心大楼地上30层，地下3层，建筑面积10.3万平方米。赶来扑救的消防队即使使用98米的云梯车，水枪也难以到达楼顶。火灾造成文化中心外立面严重受损，大楼西、南、东侧外墙装修材料过火。经消防官兵的奋力扑救，火势没有蔓延到北外立面和演播大厅，也没有造成建筑主体结构损害。抢救火灾过程中，未满30岁的消防中队副营职指导员张建勇因吸入大量有毒气体，抢救无效，不幸牺牲。在扑救期间，除张建勇外，还有6名消防员和1名工地工作人员受伤。

此次事故涉案人员达24人，央视新址建设工程办公室主任徐威等被捕。4月9日，经国务院领导同意，组成了由国家安监总局牵头的国务院事故调查组。经过几个月的调查、分析，认定这是一起由于非法组织燃放烟花而导致的火灾，是一起重大的责任事故。对24名事故的相关责任人已经采取了必要的控制措施。

分析事故原因，发现：

1. 未经批准，违规燃放

负责现场燃放烟花的三湘烟花制造公司具备燃放A级礼花的资质，但燃放活动并未得到北京市相关部门的审核和批准，属于违法燃放行为。现场火灾扑救后，现场遗留准备燃放的礼花弹直径6寸，多达700余发，总价值达百万元。这些礼花弹都属于A类烟花，是北京市明令禁止燃放的产品。在大楼西南角空地上燃放礼花弹。现场遗留了上百个礼花弹桶以及玻璃钢容器。在燃放过程中,有民警劝阻,但未奏效。

2. 燃放场地不符合标准要求

第一,根据《烟花爆竹安全管理条例》的规定,严禁在重要场所举行焰火燃放活动。电视大楼为重要场所。

第二,即便按A级焰火燃放作业标准要求,也不应小于280米。按新标准要求则不应小于360米。

第三,央视新址配楼尚未竣工,装修材料不符合防火标准,礼花弹升空后落到30层高的楼顶引起火灾。由于防火措施不完备,还不具备防火功能,无法扑救初期火灾,加上楼高风大,火势蔓延,导致严重后果。

第四,违法运输。其中有5名被拘留人员中包括运输烟花爆竹的司机、为躲避警方检查而穿小路的带路人,以及帮助联系现场燃放公司的中间人,在未经批准的情况下非法运输大量烟花进京。

在安全问题上,工作中任何一个细节出了问题,都会牵动全局。许多大的事故,起因都是一些微不足道、鸡毛蒜皮的小事。以往沉痛的教训说明,要避免发生大事故,平时必须想得很细,抓得很紧。若等山洪来了再筑坝,船到江心才补漏,那就为时太晚了。

工作中任何一个细节出了问题,都会牵动全局。正所谓牵一发而动全身,每一次细小的疏忽所产生的后果都会不断扩大,它们就不再是微不足道的小事情,而将演变成重大的安全问题。细节很琐碎、很不起眼,关键是农民工脑子里面要有这个意识,要引起重视。

经济学中有一个非常著名的"木桶理论":即一个木桶装水的多少,不取决于它最长的那块木板,而取决于它最短的那一块木板。这个理论,对于我们农民工的安全管理,同样适合。在我们农民工的安全管理中,好像总是有一块短板,常常会有人对小违章视而不见,对小事故麻木不仁,殊不知,正是因为"小",才更加可怕,如果不加以重视,最终会变成"大"!

3. 越是细节越不能“马虎”和“差不多”

安全生产，是一门科学，有其内在的规律。要把握这种规律，创造出优异的成绩，必须加强责任心，杜绝“马虎”和“差不多”心理。安全差不多，其实是差得多；只求过得去，到时就偏偏过不去。在你侥幸过得去的时候，事故的灾祸已潜伏在你的身边了。为了加强农民工安全生产，在安全中应当认真治一治“马虎病”。

“马虎”是一则典故。据说宋朝有位画家，一次作画时，他刚画好一只虎的头，便有人请他画马，他就在虎头后面画了一个马身子。这位画家的大儿子问他：“爸爸，这幅画是马还是虎呢？”他说是虎。过一会儿，小儿子也来问他，他又说是马。后来，大儿子去打猎，遇见一匹马，他误认为是虎，结果把马射死了，只好给马主赔偿损失；一次小儿子在野外遇到了一只老虎，他误认为是马，便去骑它，结果被虎咬死了。画家痛定思痛，把“马虎图”付之一炬，并写诗自诫云：“马虎图，马虎图，似马又似虎。大儿依图射死马，小儿依图喂了虎。草堂焚烧马虎图，奉劝诸君莫学吾。”

“马虎”，是安全生产的一大敌人，是一种潜伏的思想隐患，要保证安全生产，必须从根本上严治“马虎”。什么是“马虎”呢？做事草率、不认真、粗心大意、只满足于过得去，不求在安全生产中过得硬是也，由于“马虎”成了一种习惯，于是便形成一种可怕的“病”。“马虎病”的实质是职业道德差，没有敬业精神，缺乏工作责任心。值得警觉的是，在安全生产中，

"马虎"已成为引发各种事故的潜在隐患。由于工作"马虎"而造成事故的现象，实在太多。一名电力调度员，由于工作"马虎"，造成了交接班中的一个细点脱节，下错了调度命令，结果引发了一场停电事故；一名线路工人，由于工作"马虎"，上杆前没有检查保险带，在操作时，已有隐患的保险带突然中断，导致从杆上摔了下来，结果造成终身残废；一名电站检修工，由于工作"马虎"，在有人工作时，合了闸，结果发生了触电伤亡事故。这类因"马虎病"引发的不幸，我们见到、听到的还少吗？胡适先生在20世纪20年代写过一篇有名的杂文，叫《差不多先生传》，与"马虎病"有异曲同工之妙，可以说是对"马虎病"的注脚。细想想，有些安全事故的发生，就是这"差不多"思想酿成的恶果。

某综合业务楼工程总建筑面积为31000m^2。该工程±0.00以上7层，高25m，地下室一层。结构形式为后张法预应力框架结构。整幢大楼分为东西两个楼，西楼中央768m^{2}范围从3层楼面到7层屋顶为共享空间。共享空间顶为井字梁（宽0.5m，高2m），梁网配玻璃，自重650t，且高出7层楼顶3m。随着3～7层楼内脚手架的搭设，逐步搭设共享空间混凝土大梁模板支架。共享空间长为32m，宽为24m，高从3层楼面往上为16.7m。共享空间7层楼顶的4只角向内挑出4块10cm厚，32m^{2}的非预应力反吊板，距上方混凝土大梁1m，即这四块非预应力板是采取反吊工艺，将其两边反吊固定在共享空间顶层混凝土大梁上。在支模过程中将梁的一侧模板支架直接设在四块非预应力板上。

事发当日上午9:00，由东向西开始浇灌混凝土，浇到中午，经检查，未发现任何异常。

到下午4:40左右，约浇了140m^{3}混凝土，即近五分之二时，木工队长蒋××听工人反映，感觉到靠东面已浇好的一根大梁动了一下，即上梁检查，发现大梁下沉2～3cm，少数钢立管弯曲变形，部分扣件爆裂，浇好部分大梁下的钢管支承已发生移位而不垂直了。

项目经理包××一面指挥电工接电灯，准备加固模板支架，一面请施工员王××向分公司电话汇报。公司领导吩咐，停止浇灌，撤离人员、放掉一些混凝土以减轻上部负载。包××通知混凝土工撤离现场，同时组织30余名木工上操作面拆模、放混凝土、拆混凝土泵管。没隔多久，已浇好的混凝土大梁随模板支架从东面开始失稳，直至全部坍塌，在上面作业的30名工人随混凝土大梁一起坠落，造成项目经理包××等6人死亡、7人重伤、7人轻伤的重大伤亡事故，直接经济损失66.51万元。

事故原因分析

(1)直接原因

①架设32m长、24m宽、16.7m高的共享空间顶层混凝土大梁的超高模板支架，未进行设计计算和编制模板施工方案。四周的支架利用原来3～7层的脚手架，略加加固。立杆、横杆采用38mm钢管(应为48或51mm)，立杆间距80cm(偏大)，水平分层高1.6m，底层高达1.8m(偏高)，且无扫地杆；横向、纵向剪刀撑不足；分层立杆驳接处薄弱，且上下不垂直；共享空间4只角的上方的混凝土大梁模板支架直接支在4块非预应力板上，致使现浇混凝土模板支架强度和稳定性不够，造成系统失衡。

②当出现异常情况时，缺乏经验，不讲科学，盲目蛮干，指派30余名工人上现浇大梁操作面上拆模，人为地增加了施工负载，以致人员随混凝土大梁和模板支架一起坍塌而造成重大伤亡。

(2)间接原因

①施工单位违反了《建筑施工安全检查标准》JGJ59—99模板工程安全检查评分表中“施工单位必须编制模板工程施工方案”的规定，没有编制共享空间顶层混凝土大梁的施工方案就盲目施工。

②施工单位缺乏一系列的内外部技术监督,以致没有一道关卡对共享空间大梁的施工方案进行严格审查把关。

③施工单位、建设单位和有关部门都缺乏经验,对上述共享空间大梁的模板支架搭设,对这个超高支撑系统的技术复杂性和难度均没有引起重视,没有提出问题。

在农民工安全工作上,越是细节越不能“马虎”和“差不多”。“差不多”实际是差很多,对安全生产有百害而无一利。在我们农民工工作中或许发生过这样那样的安全问题,究其原因不外乎忽视安全工作中的小细节,一时的疏忽大意、麻痹侥幸。很多情况下,稍微的松懈,片刻的疏忽,一时的麻痹,都可能造成意想不到的严重后果。这些都是因为没有在细节上养成良好的安全习惯。因此,农民工安全工作,一是一,二是二,一分不可多,一分不可少,来不得半点“差不多”,需要的是像小数点一样精确的概念,需要的是精之又精、细之又细、准之又准、严之又严的工作作风。只有如此,才能杜绝这种“差不多”的思想,才能使隐患无处藏身,才能实现农民工日常安全。

4. 纠正错误的小行为才能避免大事故

安全管理中有一句大家都知道的警语“小错误诱发大事故”。任何事物的发生和发展,都是一个由小到大、由量变到质变的过程。见过多米诺骨牌演示的人都有这样一种感受,那就是人们花费几个小时,甚至更长时间精心布置的连续竖立牌体,往往在遇到一个小小的触碰后,便会在顷刻之间,以排山倒海之势倒落,且无一幸免。初次见到这样的现象,在惊叹倒塌过程的“壮观”之后，会为眼前牌倒之后的散乱景象失落不已。仔细思考，不难联想到这样的简单道理：如果对一个个极小的纰漏不引起高度重视，而任其发展，将会像多米诺骨牌那样产生连锁反应，最终造成全盘皆输的惨痛局面。这就好比在我们的安全生产中，如果一个小的违章违纪不被及时制止，就会给安全生产埋下巨大的事故隐患，进而可能引发不堪设想的后果。无数事实告诉我们，每一件细小的事情都会通过放大效应而突显其重要影响，忽视了任何一个细节，都会产生不可想象的后果。

巴西有一家海洋运输公司，在它的门前竖立着一块高 5 米、宽 2 米的石头，上面密密麻麻地刻满葡萄牙语。石头上所刻的文字记录了 20 世纪 60 年代巴西远洋运输公司的一起海难事故。

巴西远洋运输公司派出的救援船到达事故出事地点时，“环大西洋”号海轮已经消失，21 名船员也不见了，谁也想不明白在这个海况极好的地方到底发生了什么。救援船的船员发现海面上漂浮着“环大西洋”号电台，电台下面绑着一个密封的瓶子。打开瓶子，里面有一张小字条，上面有 21 种笔迹。这个小字条可以说是“环大西洋”号海轮的事故说明书。字条上面写着：

一水理查德：3 月 21 日，我在奥克兰港私自买了一个台灯，想给妻子写信时用。

二副瑟曼：我看见查理德拿着台灯回船，就提醒他“这个台灯底座轻，船晃时别让它倒下来”，但没干涉。

三副帕蒂：3 月 21 日下午船离港，我发现救生筏施放有问题，就将救生筏绑在架子上。

二水戴维斯：离港检查时，我发现水手区的闭门器损坏，就用铁丝将门绑牢。

二管安特耳：我检查消防设施时，发现水手区的消防栓锈住了，心想还有几天就到码头了，到时候再换。

船长麦凯姆：起航时，工作繁忙，没有看甲板部和轮机部的安全检查报告。

机械师丹尼尔：3 月 23 日上午，查理德和苏勒的房间消防探头连续报警。我和瓦尔特进去后，未发现火苗，判定探头误报警，拆掉后交给惠特曼，要求换新的。

机械师瓦尔特：我就是瓦尔特。

大管轮惠特曼：我说正忙着，等一会儿拿给你们。

服务生斯科尼：3 月 23 日 13 点，我到理查德房间找他，他不在，坐了一会儿，随手拿开了他的台灯。

大副克姆普：3 月 23 日 13 点半，我带苏勒和罗伯特进行安全巡视，没有进理查德和苏勒的房间，说了句“你们的房间自己进去看看”。

一水苏勒：我笑了笑，也没有进房间，跟在克姆普后面。

机电长科恩：3 月 23 日 14 点，我发现跳闸了，因为这是以前也出现过的现象，没多想，就将闸合上了，没有查明原因。

三管轮马辛：感到空气不好，先打电话到厨房，证明没有问题后，就让机舱打开通风阀。

大厨史若：我接马辛电话时，开玩笑说，我们这里有什么问题？你还不来帮我们做饭？然后问乌苏拉：“我们这里都安全吧？”

二厨乌苏拉：我回答，我也感觉空气不好，但我觉得我们这里很安全，就继续做饭。

机械师努波：我接到马辛电话后，打开通风阀。

管事戴思蒙：14 点半，我召集所有不在岗位的人到厨房帮忙做饭，晚上会餐。

医生莫里斯：我没有巡诊。

电工菏尔因：晚上我值班时跑进了餐厅。

最后是船长麦凯姆潦草而绝望的字：19 点半发现火灾时，理查德和苏勒的房间已经烧穿，一切糟糕透了，我们根本打不开水手舱的门，拧不开消防龙头，我们根本没有办法控制火情，连救生筏都放不下来，只能由着火势越来越大，直到整条船上都是火。完了，一切都完了。我们每个人都犯了一点点小错，却酿成了船毁人亡的大错。

看完这张绝笔字条，救援人员谁也没有说话，海面上死一样地寂静，大家仿佛清晰地看到了“环大西洋”号海轮整个事故的过程。

这个悲剧故事向我们描绘了一场由若干个小错误所造成的大灾难，真可谓是小事不小。飞机涡轮发动机的发明者，德国人海恩曾经提出过一个关于航空界飞行安全的法则：每一起严重事故的背后，都有 29 次轻微事故、300 起未遂先兆，以及 1000 起事故隐患。这一法则后来被业界称为海恩法则。所以，要保障安全，我们农民工必须深入到细节中去，不放过任何一件小错误、小隐患。

有位美国记者去阿富汗人战区采访，为了消除当地人的戒心，他灵机一动换上当地女性通常穿的那种长袍，除了只露出两只眼睛以外，其他地方都被宽大的长袍包裹得严严实实。他以为这样就可以不用担心被人认出来。如此装扮后他就大摇大摆地深入街头去追踪新闻。

但是令人意外的情形出现了，他走到哪儿，马上就有人围上来向他身上扔石头。原来，因为天热当地人都穿拖鞋，而他则没有将脚上的阿迪达斯运动鞋换掉。在躲避石子袭击的过程中，从袍子里露出来的相机揭穿了真实身份，于是，愤怒的人群马上围上来让他陷入了险境。

别看细节小，事实上安全问题常常就出在这些小细节上。忽视小细节，就有可能造成大事故。在安全行为上，任何一个环节出现小差错，都可能引发大的问题。小小的错误——哪怕是 1%的错误，带来的将是整件事情的扭转，100%的失败。一个企业就像一台高速运转的机器，任何一个零件出现问题都有可能带来毁灭性的灾难和不可挽回的损失。就好比有一艘船,船底有一个小洞,出的水很少很少,你没有在意,但是当这个洞慢慢变大的时候,你就会因为刚开始的不在意而付出代价。因此,我们农民工必须改正对小错误视若不见,小隐患无动于衷,小违章无关紧要的毛病。

2012 年 8 月 26 日 2 时 31 分许,包茂高速公路陕西省延安市境内发生一起特别重大道路交通事故,造成 36 人死亡、3 人受伤,直接经济损失 3160.6 万元。事故发生后,党中央、国务院高度重视,马凯、孟建柱等领导同志先后作出重要批示,要求全力抢救伤员,迅速查明事故原因,认真做好善后工作,维护社会稳定。

经调查,8.26 事故中,客车司机的"疲劳驾驶"一直在报警,直到事故发生没有解除;油罐车休息完,刚上高速,速度在 50 公里/小时左右就突然驶入超车道。诸如此类的隐患,看起来不过是"小小的违章"而已,但是这许多的小违章,习惯性违章聚合到一起来时,就可能放大违章后果,产生无法弥补的事故。

安全隐患最初都是些不值得关注的鸡毛蒜皮之类的小事,一只烟头、一颗松动的螺丝钉、一次疏忽大意、不小心落下的什么小东西……这些小事会影响到什么安全?有人甚至认为这只是偶然的事,碰到是运气不好。如果我们以这种心理去对待安全,那么安全隐患就会围绕在你我身边,发生安全事故的危险性就提高了。

任何麻痹和对细节的忽视都会带来难以想象的后果。现在的企业生产经营中,最大的安全隐患恰恰存在于那些看起来非常小但危害性非常大的事情上。我们的安全工作其实是由许多细节和一件件小事组成的。面对千变万化的细节小事,再好的预设也不能预见工作可能出现的很多情况。因此,我们农民工无论做什么事情,万万不可忽视细节,否则就有可能付出极其惨痛的代价。重视细节才能保障安全,忽略细节就可能造成事故。

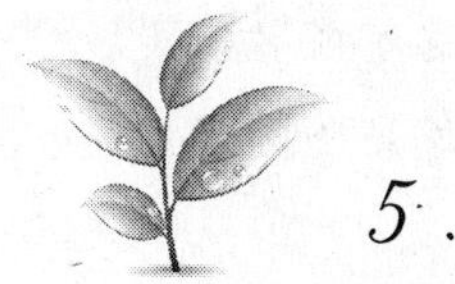

5. 任何细节都不能忽略，任何小事都不可大意

老子曾经说“天下难事，必作于易；天下大事，必作于细”，它精辟地指出了想成就一番事业，必须从简单的事情做起，从细微之处入手！从某种意义上说，细节决定成败，细节决定安全。一根电线毁掉一个家庭，一个烟花烧掉了一栋大楼，一支香烟炸掉一家工厂，一个疏忽就可以断送一条生命，这样的事情在现实生活和生产中不胜枚举。你看过哪次飞机失事是翅膀和头一齐掉下来的？飞机失事的原因往往不是一节油管不通，就是一个轮胎放不下来，又或者撞上了飞鸟等，而这些都不是整体的问题，都是因为细节没有做好。因此，任何细节都不能忽略，任何小事都不可大意。

1960 年 3 月，苏联为了准备人类第一次载人太空飞行，开始招募宇航员。经过层层筛选，最后留下了几位，其中一位叫邦达连科的宇航员得到了主设计师科罗廖夫的极大赞赏，很多人都认为他当选的可能性最大。然而邦达连科在为期 10 天的地面训练中不幸遇难。

这天，邦达连科在一个高浓度氧气舱里，用酒精棉球擦完身上固定过传感器的部位后，随手将它扔掉。不料带有酒精的棉球正好掉在了电热器上，随即引发大火。邦达连科没有及时逃脱，被严重烧伤，后来因为抢救无效死亡。就这样，一个天才宇航员遇难了。只是他的死并非因为灾难，而是他自己造成的。因为他没有意识到隐患的存在，不慎将带酒精的棉球丢在了电热器上，才导致悲剧的发生。

随后，苏联航天局决定重新挑选一位优秀的宇航员执行第一次航天计划。邦达连科事件让苏联航天局在挑选宇航员时变得格外挑剔和严格。他们希望挑选出最细心、最有安全防患意识的宇航员。

没过多久，在参观尚未竣工的东方号宇宙飞船陈列厂时，主设计师科罗廖夫问："你们谁愿意试坐？"加加林报了名，在进入飞船前，他脱下了鞋子，只穿袜子进入了还没有舱门的座舱。加加林的这个举动给科罗廖夫留下很深的印象，也赢得了他的好感。最后，苏联航天局决定让加加林驾驶着"东方一号"执行飞行任务，加加林也由此成为第一个进入太空的宇航员，被人们尊称为"太空第一人"。

邦达连科不幸成为了"第一个遇难的航天员"，加加林则幸运地成为了"太空第一人"，二者有着多大的差距呢？其实差距就在不经意间的一个动作。在我们的现实生活和工作中这样的例子也时而发生，工作中不戴安全帽、登高不系安全带、电焊作业不戴防护面罩、下班不关门、不断电、不关电脑和空调等，所有这些给企业、家庭和个人带来了不可挽回的巨大损失，所有这些都一次次给我们敲响了"安全从我做起，安全从细节做起"的警钟。

轮机车间星海队在远洋二号浮船坞内的"亚洲光辉"轮机舱锅炉内打磨时，风管被高架车挂掉，星海队工人宋某下到坞底重新接管，结果将风管误接入风包旁的氧气包上，由于锅炉内氧气浓度很高，打磨的火花引燃工作服后火势扩大，幸亏旁边一名工人反应迅速，用水和灭火器及时将宋某身上的火扑灭，锅炉里作业的两名工人烧至微伤。

事故原因分析：

①星海队工人宋某在插风管时没有进行确认是否是风包造成误接是这起事故的直接主要原因。

②氧气包上本不应有快速接头，该快速接头与风包上的接

头类似影响了宋某的判断是这起事故的间接原因。

③星海队经常在轮机新厂房施工，该厂房的风包颜色为蓝色，而二号浮船坞的氧气包颜色也是蓝色，风包颜色一样影响宋某判断也是事故的一个间接原因。

我们农民工需要做好安全细节。对个人来说，细节体现着素质；对企业来说，细节代表着安全。在日常的工作和生活中，不注重细节的人，对其他注重细节的人和事往往也不会正确对待，比如，他们会对善意的提醒恶言相加，对关系自己生命安全的问题却常抱有侥幸心理，这都是主观上未对细节重视的行为体现。只有在思想上对细节足够重视了，才能对自己的行为严格要求。比如生产现场不按规定穿工作服和工作鞋的现象时有发生，有人认为工作现场穿不穿工作服或工作鞋与安全生产关系不大，是小节小事，没有必要太认真。殊不知这样一种对待安全规章的行为，最终降低了自己的安全标准。

美国一家大公司非常重视安全工作，不管召开任何会议他们都有一个惯例，正式开会之前主持人一定会先向大家介绍安全出口，而且在会议室里还有一张特殊的椅子，上面罩着一个红布套，套子上写着“如有紧急情况请跟我来”。这张椅子不是每个人都可以坐，只有非常熟悉所在楼道情况的人才有资格坐。公司还规定：上下楼梯必须扶扶手，在办公室里不准奔跑，铅笔芯要朝下插在笔筒内，喝水时手里不许把玩东西。这些规定看起来是安全管理中的“小事”，殊不知，就是这些不起眼的“小事”造就了“职工在工作场所比在家里安全十倍”的神话，这就是享有全球最安全公司美称之一的杜邦公司。

很显然，杜邦公司是抓住了安全管理中的细节，造就了安全的神话。安全生产是人命关天的大事，任何时候都疏忽不得、松懈不得，抓安全必须抓细节。大量事实证明，农民工安全必须注重细节，忽视细节就是忽视生命。

第七章

杜绝安全事故，把安全隐患扼杀在摇篮之中

1. 百治不如一防，消除事故的关键在于预防

重在预防，体现了安全生产的方针，遵循了安全工作的客观规律。所以，我们农民工一定要全力做好安全预防工作，掌握预防要点。这是有效减少事故的关键。农民工掌握了事故预防要点，就能把事故消灭在萌芽前，为安全扫清阻碍。

两千年前的荀子说："一曰防，二曰救，三曰戒。先其未然谓之防，发而止之谓之救，行而责之谓之戒。防为上，救次之，戒为下。"杜绝事故保障安全，可以借助古老的中国智慧。因为，荀子说了三种办法，第一种办法是在事情没有发生之前就预设警戒，防患于未然，这叫预防；第二种办法是在事情或者征兆刚出现就及时采取措施加以制止，防微杜渐，防止事态扩大，这叫补救；第三种办法是在事情发生后再行责罚教育，这叫惩戒。荀子列出了三种方法后认为，预防为上策，补救是中策，惩戒是下策。

有位客人去拜访一家主人，他见那家人的厨房里烟囱做得很直，一烧饭就直冒火星，而灶门旁边还堆了许多柴草。这个客人看到这种情况，就劝主人把烟囱改成弯曲的，把柴草搬得离灶远一些，这样不容易引起火灾。主人听了，却当做耳边风。不久，这家人果然失火了，幸亏邻居们赶来抢救，才把火扑灭。事后，主人设宴酬谢救火的邻居，凡是那些被烧得焦头烂额的人都请上席坐，其他救火的人也都按照功劳大小排定座次。于是有人对主人说："如果你早听那个客人的话，就不用备办酒席，更不会发生这场火灾。今天你按功劳大小来请客酬谢大家，光把烧得焦头烂额的人当做上等客人，而那个劝你改造烟囱、搬走柴草的人却没有得到你的什么好处，这是什么缘故呢?”主人听后恍然大悟，赶紧把那个人请来，敬为上宾。

《汉书》中这个“曲突徙薪”的故事告诉我们，安全管理就应该把工夫花在预防事故发生方面。安全工作要有超前思维，继而有超前的办法措施，将安全工作忙在前头、忙在平时、忙在具体的生产经营实际中，而非坐而论道。换言之:即忙前莫忙后，这也正是“安全第一，预防为主”八字方针的具体体现，是安全工作的重心之所在。

金澳科技(湖北)化工有限公司是一家主要生产汽油、柴油、液化气、聚丙烯的石油化工企业，甲级防火、一级防爆单位。2008 年 6 月 3 日，在金澳科技(湖北)化工有限公司，面对金属非金属矿山等重点行业领域督查组第七组专家的考问，正在控制室常减压岗位的值班班长对答如流。

“现在发生了险情，你们 6 个人该干什么?”

“那要看危险的程度怎么样，如果严重的话，那肯定要……”

“情况很严重。”

“应急不行了?”

“不行了。”

“那我马上报警。”

“那其他人干什么?”

“自救，在安全的地方实施降温，把危险源保护起来。”

“这事由谁来做?”

“副操、主操不离岗位。”

“那还有 4 个人呢?”

“我看其他岗位上还能不能生产。”

“还有时间让你看吗? 已经不行了。”

“立即启动应急预案。”

“事态已经无法控制了，当然要启动应急预案。”督查组专家张军说，“但是，启动应急预案是没有办法的办法。”

“安全第一，预防为主。”这是我们每一位农民工再熟悉不过的一句警示语。但发生事故时，却总在埋怨事故为何就没有防住？事故是不是可以预防？答案是肯定的，只要我们保持清醒的头脑，脑子里时时刻刻要有安全意识，行动中要做到安全生产，狠抓安全管理工作，除了不可抗拒的因素，发生在企业生产中的事故是可以预防的。预防一是思想上的警惕，另一更重要的是措施上、设备上、技术上、人员配备上的预防。“预防为主”就是要防患于未然，将一切不利于安全的因素，消灭在萌芽状态。回顾以往的事故，我们不难发现，当隐患发展到一定程度时就会发生事故。如果我们做到未雨绸缪，防患于未然，及时发现并消除隐患，事故就可以避免。下面是一些安全预防事故中要重点掌握的安全要点。

(1)触电事故预防要点

触电事故是指操作人员身体接触高压或低压带电设备或导线。

①电气操作属特种作业，操作人员必须经培训合格，持证上岗。

②车间内的电气设备，不得随便乱动。如果电气设备出了故障，应请电工修理，不得擅自修理，更不得带故障运行。

③经常接触和使用的配电箱、配电板、闸JJ开关、按钮开关、插座、插销以及导线等，必须保持完好、安全，不得有破损或带电部分裸露现象。

④在操作闸J3开关、磁力开关时，必须将盖盖好。

⑤电气设备的外壳应按有关安全规程进行防护性接地或接零。

⑥使用手电钻、电砂轮等手用电动工具时，必须：

a. 安设漏电保安器，同时工具的金属外壳应防护接地或接零。

b. 若使用单相手用电动工具时，其导线、插销、插座应符合单相三眼的要求；使用三相的手动电动工具，其导线、插销、插座应符合三相四眼的要求。

c. 操作时应戴好绝缘手套和站在绝缘板上。

⑦使用的行灯要有良好的绝缘手柄和金属护罩。

⑧在进行电气作业时，要严格遵守安全操作规程，遇到不清楚或不懂的事情，切不可不懂装懂，盲目乱动。

⑨一般禁止使用临时线。必须使用时，应经过机动部门或安技部门批准，并采取安全防范措施，要按规定时间拆除。

⑩移动某些非固定安装的电气设备，如电风扇、照明灯、电焊机等，必须先切断电源。

⑪在雷雨天，不可靠近高压电杆、铁塔、避雷针的接地导线 20 米以内，以免发生跨步电压触电。

⑫发生电气火灾时，应立即切断电源，用黄沙、二氧化碳、四氯化碳等灭火器材灭火。切不可用水或泡沫灭火器灭火。

⑬打扫卫生、擦拭设备时，严禁用水冲洗或用湿布去擦拭电气设备，以防发生短路和触电事故。

⑭建筑行业用电，必须遵守《施工现场临时用电的安全技术规程》。

(2)物体打击事故预防要点

物体打击伤害往往表现为飞出或弹出的物体，如工具、工件、零件等对人员造成的伤害。为了预防物体打击事故，可从以下几方面人手。

①牢固树立不伤害他人和自我保护的安全意识。

②高处作业时，禁止乱扔物料，清理楼内的物料应设溜槽或使用垃圾桶。手持工具和零星物料应随手放在工具袋内，安装更换玻璃要有防止玻璃坠落措施，严禁乱扔碎玻璃。

③吊运大件要使用有防止脱钩装置的钓钩和卡环，吊运小件要使用吊笼或吊斗，吊运长件要绑牢。

④高处作业时，对斜道、过桥、跳板要明确有人负责维修、清理，不得存放杂物。

⑤严禁操作带病设备。

⑥除设备故障或清理卡料前，必须停机。

⑦放炮作业前，人员要隐蔽在安全可靠处，无关人员严禁进入作业区。

(3)车辆运输伤害事故预防措施

①车辆驾驶人员必须经有资格的培训单位培训并考试合格后方可持证上岗。

②人员通过路口时,必须做到“一慢二看三通过”,一定要先瞭望,在没有危险时才能通过。

③不可在铁路专用线上行走,更不可推车行走;严禁从列车下面通过。

④定期检查车辆的各种机构零件是否符合技术规范和安全要求,严禁带故障运行。

⑤汽车的行驶速度在出入厂区大门时,时速不得超过5公里;在厂区道路上行驶,时速不得超过20公里。

⑥装卸货物时不得超载、超高。

⑦装载货物的车辆,随车人员应坐在指定的安全地点,不得站在车门踏板上,也不得坐在车厢侧板上或坐在驾驶室顶上。

⑧电瓶车在进入厂房内,装载易燃易爆、有毒有害物品时严禁乘人。

⑨铲车在行驶时,无论空载还是重载,其车铲距地面不得小于300毫米,但也不得高于500毫米。

⑩严禁任何人站在车铲或车铲的货物上随车行驶,也不得站在铲车车门上随车行驶。

⑪严禁驾驶员酒后驾车、疲劳驾车、非驾驶员驾车、争道抢行等违章行为。

⑫在厂区内骑自行车时,严禁带人、双撒把或速度过快,更不得与机动车辆抢道争快;在厂房内严禁骑自行车。

(4)火灾事故预防要点

防火工作是企业安全生产的一项重要内容,一旦发生火灾事故,往往造成巨大的财产损失或人员伤亡。预防发生火灾事故应从以下几方面入手。

①不得随便进入易燃易爆场所,如油库、气瓶站、煤气站和锅炉房等工厂要害部位。

②在火灾爆炸危险较大的厂房内,应尽量避免明火及焊割作业,最好将检修的设备或管段拆卸到安全地点检修。如必须在原地检修时,应按照动火的有关规定进行,必要时还需请消防队进行现场监护。

③在积存有可燃气体或蒸汽的管沟、下水道、深坑、死角等处附近动火时,必须经处理和检验,确认无火灾危险时,方可按规定动火。

④进行道生炉、熬炼设备的操作,要坚守岗位,防止烟道窜火和熬锅破漏。同时熬炼设备必须设置在安全地点作业并有专人值守。

⑤火灾爆炸危险场所应禁止使用明火烘烤结冰管道设备,宜采用蒸汽、热水等化冰解堵。

⑥对于混合接触能发生反应而导致自燃的物质,严禁混存混运;对于吸水易引起自燃或自然发热的物质应保持使用贮存环境干燥;对于容易在空气中剧烈氧化放热自燃的物质,应密闭储存或浸在相适应的中性液体(如水、煤油等)中储放,避免与空气接触。

⑦进入易燃易爆场所进行操作的人员必须穿戴防静电服装鞋帽,严禁穿钉子鞋、化纤衣物进入,操作中严防铁器撞击地面。

⑧在存放可燃物时必须与高温器具、设备的表面保持有足够的防火间距,不宜在高温表面附近堆放可燃物。

⑨处置熔渣、炉渣等高热物时应防止落入可燃物中。

⑩应掌握各种灭火器材的使用方法。不能用水扑灭碱金属、金属碳化物、氢化物火灾,因为这些物质遇水后会发生剧烈化学反应,并产生大量可燃气体、释放大量的热,使火灾进一步扩大。

⑪不能用水扑灭电气火灾,因为水可以导电,容易发生触电事故;也不能用水扑灭比水轻的油类火灾,因为油浮在水面上,反而容易使火势蔓延。

⑫钢铁水泄漏发生火灾,不可用水扑灭,因为高温金属液遇水会发生爆炸。

(5)起重伤害事故预防要点

预防起重机伤害事故,要做到以下几点:

①起重作业人员须经有资格的培训单位培训并考试合格,才能持证

上岗。

②起重作业人员在操作前应检查起重机械的安全装置，如起重量限制器、行程限制器、过卷扬限制器、电气防护性接零装置、端部止挡、缓冲器、连锁装置、夹轨钳、信号装置等是否齐全可靠，否则不准进行操作。

③平时应严格检验和修理起重机机件，如钢丝绳、链条、吊钩、吊环和滚筒等，发现报废的应立即更换。

④建立健全维护保养、定期检验、交接班制度和安全操作规程。

⑤起重机运行时，任何人不准上下；也不能在运行中检修；上下吊车要走专用梯子。

⑥起重机的悬臂能够伸到的区域不得站人；电磁起重机的工作范围内不得有人。

⑦吊运物品时，吊物不得从人头上过；吊物上不准站人；不能对吊挂着的东西进行加工。

⑧起吊的东西不能在空中长时间停留，特殊情况下应采取安全保护措施。

⑨起重机驾驶人员接班时，应对制动器、吊钩、钢丝绳和安全装置进行检查，发现性能不正常时，应在操作前将故障排除。

⑩开车前必须先打铃或报警，操作中接近人时，也应给予持续铃声或报警。按指挥信号操作，对紧急停车信号，不论任何人发出，都应立即执行。

⑪确认起重机上无人时，才能闭合主电源进行操作。

⑫工作中突然断电时，应将所有控制器手柄扳回零位；重新工作前，应检查起重机是否工作正常。

⑬在轨道上露天作业的起重机，当工作结束时，应将起重机锚定住；当风力大于 6 级时，一般应停止工作，并将起重机锚定住；对于门座起重机等在沿海工作的起重机，当风力大于 7 级时，应停止工作，并将起重机锚定好。

⑭当司机维护保养时，应切断主电源，并挂上标志牌或加锁。如有未消除的故障，应通知接班的司机。

(6)机械伤害事故预防要点

机械伤害事故是人们在操作或使用机械过程中因机械故障或操作人员的不安全行为等原因造成的伤害事故。发生事故以后，受伤者轻则皮肉损伤，重则伤筋动骨、断肢致残，甚至危及生命。预防机械伤害应从以下几方面入手：

①检查机械设备是否按有关安全要求，装设了合理、可靠又不影响操作的安全装置。

②检查零部件是否有磨损严重、报废和安装松动等迹象，发现后应及时更换、修理，防止设备带病运行。

③检查电线是否破损，设备的接零或接地等设施是否齐全、可靠。

④检查电气设备是否有带电部分外露现象，发现后应及时采取防护措施。

⑤检查重要的手柄的定位及锁紧装置是否可靠，发现问题及时修理。

⑥检查脚踏开关是否有防护罩或藏入机身的凹入部分内，如果没有，应改正以后才能操作。

⑦操作人员在操作时应按规定穿戴劳动防护用品，机器加工严禁戴手套操作，留长发人员应戴工作帽，且长发不得露出帽外。

⑧操作设备前应先空车运转，确认正常后再投入运行。

⑨JJ 具、工夹具以及工件都要装卡牢固，不得松动。

⑩不得随意拆除机械设备的安全装置。

⑪机械设备在运转时，严禁用手调整、测量工件或进行润滑、清扫杂物等。

⑫机械设备运转时，操作者不得离开工作岗位。

⑬工作结束后，应关闭开关，把刀具和工件从工作位置退出，并清理好工作场地，将零件、工夹具等摆放整齐，保持好机械设备的清洁卫生。

(7)高处坠落事故预防要点

高处坠落事故是指在高处作业中发生坠落造成的伤亡事故。高处作业指在坠落基准面 2 米以上的高处进行的作业。预防高处坠落事故要注意以下几点：

①熟悉高处作业的作业方法，掌握技术知识，执行安全操作规程。作业时要指定专人进行现场监护。

②禁止患有高血压、心脏病、癫痫病等禁忌病症的人员和孕妇从事高处作业。

③高处作业时要系好安全带，戴好安全帽，不准穿硬底鞋，以防滑倒导致坠落事故。

④作业前要检查护栏、板是否牢固，有洞口的地方要盖好，在较危险的部位应在下方装设平网。

⑤做好楼梯口、电梯口、预留洞口和出入口的“四口”防护。

⑥在建筑施工中做好“五临边”的防护工作，“五临边”是指尚未安装栏杆的阳台周边，无外架防护的屋面周边，框架工程楼层周边，上下跑道、斜道、两侧边，卸料平台的外侧边等。

⑦在恶劣天气中(指 6 级以上强风、大雨、大雪、大雾)，禁止从事露天高处作业。

2. 杜绝侥幸心理，时时注意安全隐患

农民工安全没有“侥幸”可言，“侥幸”本身就是最大的事故隐患。惨痛的事故教训告诉我们，事故都是在不经意的一次违章操作后形成的。虽然有时违章操作没有形成事故，但终归有一次会尝到苦果。安全生产有个硬道理：预防事故不能靠“侥幸”，“侥幸”的明天是“不幸”。侥幸的安全是偶然的，而违章将导致“不幸”是必然的。

曾看到这样一个事故案例：一名电工在处理电器故障前，对值班人员说：“我去处理故障，你 20 分钟后送电。”值班人员担心这样做不妥，很危险，而那位电工说道："没问题，处理这类事故顶多用10分钟。"20分钟后，值班人员如约送电，并前去检查设备运行情况，结果发现那位电工已经触电。事故的原因是，在送电时，电工对电器故障还没有处理完毕。那位电工忽视安全操作规程，凭经验，抱着侥幸和麻痹的心理，最终害了自己。

在企业生产和检修过程中，类似上述的事例并不鲜见。这起案例再一次给我们敲响了安全的警钟：任何时候都不能有丝毫的麻痹思想，更不能抱着侥幸的心理去工作。如果我们充分认识到侥幸心理和麻痹思想的危害，及时消除思想的隐患，头脑中时时不忘安全，认认真真按规章制度办事，就能杜绝安全事故的发生。

安全事关财产、事关生命，是要常抓不懈的永恒主题。即使是对安全不够重视甚至导致发生事故的领导或农民工，也都并非不知道安全的重要性。但问题在于，事关生命的事情，总是屡屡出现。近几年来全国就发生多起重大事故，矿难、路难等报道接连不断。症结何在？就在于忽视安全问题，心存侥幸。

老工人孔某讲述了他所经历的一次事故——

我原来是附近某矿的一名工人，去年刚调到咱矿工作。参加工作二十多年来，既未出过轻伤，也未出过重伤，但那年却发生了一起事故，让我忏悔不已，痛苦终生……

那是2000年8月份的一个早班，当时担任掘进组长的我，带领职工在3607面中间巷开三岔门，由于赶任务，再加上侥幸心理作祟，我们在没有使用好双挑梁，又没有采取任何预防措施的情况下，就开门施工，致使顶板岩石冒落，把正在三岔门攉煤的职工刘某埋住，虽经抢救但终因伤势严重不幸身亡。

事故发生后，我受到了应有的处罚，并被撤消了掘进组长职务，但内心仍感到不安，愧疚之情时时萦绕着我。矿上曾三令五申，在巷道开岔门前，首先必须使用好双挑梁，并加固好周围支架。然而由于我重生产轻安全意识和侥幸心理严重，没有严格按照上级规定进行施工，最终酿成了事故，给企业造成了不应有的经济损失和社会影响，给遇难工友的家庭和亲人造成了终生的遗憾和痛苦。一想起这些，我就感到后悔莫及。可世上没有卖后悔药的，我只有严格按章作业，努力工作，才能减轻一些心理压力，才能对得起我那不幸的好工友。同时，我也深深地认识到了按章作业的重要性，安全生产不能只挂在嘴上，更重要的是要落实在行动上。

孔某的讲述很生动，也很感人。他提醒更多的农民工兄弟：在生产过程中，要时时刻刻提醒自己是否戴好安全帽，带电作业是否穿上绝缘鞋等。这些看似细微的小事，确能防患于未然。千万不要以为自己一两次违章作业没有出事，就忘乎所以，一直侥幸下去。

在日常工作中，大部分的事故都源于安全隐患，就因为一时的疏失大意，最终成为不可挽回的祸端。防范事故的有效方法，就是主动排查、综合治理各类隐患，把事故消灭在萌芽状态，不能等到付出了生命的代价、有了血的教训后再去改进工作。

2007年3月4日，鄂西山区某公司一化工厂黄磷车间因一职工在压磷过程中，夹布胶管脱落，黄磷流出发生燃烧并酿成火灾事故，造成直接经济损失20多万元。3月4日18时左右，该厂黄磷车间2#黄磷电炉压磷操作工聂某在漂洗磷泥时，发现热水管内无水，热水阀转动较松，认为是阀门故障，就此事向班长李某反映，李某安排机修工检修，经检查并未发现热水阀有问题。之后，聂某卸下压磷夹布胶管检查，发现夹布胶管和放磷阀门出口均被黄磷冻堵，便对其处理并重新接上。

20时45分左右，班长李某向压磷操作工聂某询问放磷管线及压磷夹布胶管的处理情况，聂某回答说已疏通。接着，聂某打开放磷阀开始放磷，并准备去预沉槽补充水，但刚离开放磷阀约 3m 远，夹布胶管脱落，黄磷流出迅速燃烧，产生大量烟雾，聂某撤离火灾现场，跑到 2# 黄磷电炉配电操作室，配电工将电炉停电。此时，班长李某见火势较大，也撤离火灾现场去通知电炉停电，之后，组织当班配电工和 2# 煤气站操作工撤离现场，然后去灭火。

该厂厂部当班值班调度接到报警电话后，一边赶往火灾现场迅速启动应急救援预案，一边向厂领导和公司总调值班调度汇报。公司领导及相关职能部门迅速赶赴现场组织应急处置。在该厂及所属车间与隔河厂及所属车间干部职工的共同努力下，21 时 40 分将大火扑灭。

此次事故持续近一小时，造成部分设备和厂房损坏，直接经济损失 20 多万元。同时，导致该厂生产系统停车数小时，其中 2# 黄磷电炉停产达 12h。

事故原因分析发现：

①按照操作规程，放磷前必须认真检查，疏通管线，捆扎并固定夹布胶管。操作工聂某未对放磷管线进行彻底疏通，也未认真检查和确认，更为严重的是对放磷夹布胶管只进行了简单捆扎而未加以固定，属于典型的违章操作，是导致此起事故发生的主要原因，聂某应负主要责任。

②当班班长李某对聂某的操作监督不力，对操作员的监督、验证不到位，对放磷夹布胶管未按要求固定这一行为未能及时发现和纠正，是导致此起事故发生的又一重要原因，应负直接责任。

③按照安全管理程序文件要求，该厂黄磷车间每月应对重点、危险岗位职工组织一次安全培训，而在该车间未发现 2007 年 1～2 月份培训记录。该厂及黄磷车间安全管理不规范，培训教育不到位，致使员工安全意识和操作技能差，安全监管执行不力，习惯性违章现象不能及时有效得到制止，有关人员应负管理责任。

抓安全生产我们也要练就一双找问题、查隐患的“火眼金睛”，对问题有一种高度的敏捷，去伪存真，由表及里，发现隐患，将事故消灭在萌芽状态。人常说：“严是爱、松是害，不怕千日紧，只怕一时松。”企业中人人都要有危机意识，看似最平静的时刻往往是最危险的时刻。危机无处不在、无时不在，一位员工小小的懈怠、无所谓的态度，都可能酿成重大的安全事故。因此，我们应当坚决杜绝松懈思想，不断强化干部职工的忧患意识，坚决克服安全工作说起来重要、干起来次要、忙起来不要的错误倾向，认清形势，提高认识，做到安全工作常抓不懈。

3. 及时纠正不安全行为，避免伤害和事故的发生

无论是生活中还是工作中，农民工都可能会经常做一些不安全的行为，其中大部分行为都是不经意或习惯做出的。但不知你是否想过，就是这些小小的习惯行为或细节，有时会造成后悔终生的遗憾，甚至是付出生命的代价。

2007 年 6 月 28 日 15：30 左右，福化公司电仪处电工蔡明清和劳务工余刚等六人，在冷冻配电室电缆沟中放电缆。余刚安全意识不强，防范能力差，在未解安全带的情况下，进入配电室，导致安全带的金属挎扣接触到了 2# 冰机的电气开关上，引起短路产生电弧将余刚烧伤，烧伤面积达 90%，属重伤事故。

分析事故原因，发现：

①物的不安全状态：a. 配电柜无后盖，作业环境狭窄；b. 防范措施不落实，没有采取防触电措施。

②人的不安全行为：a. 余刚违章携带带有金属物品的安全带进入配电室；b. 劳动组不合理，作业人员（受害者）年龄偏大。

③管理因素：a. 对劳务工安全教育以及安全技能培训不到位，劳务工安全意识淡薄，防护意识欠缺；b. 操作规程不健全，没有建立配电室内作业的安全操作规程；c. 管理制度不完善，没有专门的管理制度对进入配电室作业进行规定。

可见，不安全行为是安全最大的敌人，不安全行为只会害了自己。不安全行为一是指易于引发事故的行为，二是指在事故过程中扩大事故损失的行为。从发展的角度看，安全行为是人们在大量生产实践中，从事故发生和损失扩大的教训中不断总结出来的行为规律，并用这种认识制定安全操作规程和劳动安全纪律。随着人们对生产技术的不断提高，对事故规律的不断研究，将不断完善这种认识，并不断完善安全操作规程和劳动安全纪律。显然，安全行为是个相对概念，是指引发事故概率很低和使事故损失很低的行为特征，反之则为不安全行为。

在工作中，许多安全隐患存在于我们的不良行为中。这是因为农民工的行为往往受其本身素质或其他相关各方面情况的影响和制约，如农民工安全意识、工作经验、工作态度、操作技能等。日常的一些不良行为使农民工忽视了一些潜在的隐患，对风险缺乏及时的判断，预见能力减弱，并形成侥幸心理，因而事故的发生在所难免。

2011 年 10 月 22 日 21 时许，呼和浩特市成吉思汗大街发生一起交通事故，一辆丰田越野车将一骑电动车的行人剐倒后，由于该车紧急刹车，紧随其后的一辆现代轿车又将该车追尾。原来驾驶丰田越野车的邓先生开车由西向东行驶，由于当时打电话，没有注意到有人骑着电动自行车在机动车道内行驶，当他发现前面有人时就急忙打轮从一旁驶过，虽然避免了正面撞击，还是将骑电动自行车的人剐倒了，出于本能反应，他躲闪之后迅速踩了刹车，准备下去查看一下伤者的伤情，没想到在他车后紧跟着一辆现代轿车，虽然也采取了制动措施，但是两辆车还是追尾了，两辆车都是保险杠受损。所幸是这次事故没有人员伤亡。

开车时打电话，恐怕很多人都有这样的习惯，但是你可知道，开车打电话容易造成注意力不集中，不能及时应对路面突发状况，所以开车打电话时安全隐患早已存在。在安全生产中，总存在一些习惯性的安全隐患，它具有极大的隐蔽性，往往被工作人员疏忽，如不加以纠正，可能会造成工作人员思想麻痹和判断失误，最终产生极大的危害。

有人说，安全行为是一种确保人员和财产不受损害的状态；也有人讲，无危则安，无缺则全，安全行为就是没有危险且尽善尽美。事实上，这种绝对化的安全是不存在的。我们说的“安全”，是指客观事物的危险程度能够被人们普遍接受的状态，或者说是一种伴随着生产而来的状态，它与我们的日常工作和生活息息相关，做完饭菜忘了关煤气；用湿淋淋的手拔电源插头；将电视机设置成“待机”状态就匆匆出门；身份证、银行卡随意放置；过马路时抢红灯；下班不关电脑，不关灯；到人员密集的场所往往不注意逃生路线……这些生活和工作中的场景，大家都似曾相识，因为我们或多或少都犯了类似的错误行为！

也许，我们会为自己辩解，“我要赶时间，要讲效率”，因为时间就是金钱，浪费时间就是浪费生命，也有人会说“我一时疏忽了”，但事故往往就在我们“赶时间”或是“一时疏忽”的瞬间发生了。

曾女士晚上下班回家，搭上了一辆公交车。在她下车的时候，一场意想不到的灾难降临到她的头上。后来躺在病床上的曾女士回忆说：“车到××车站时，我是稍后一点下的车。公交车共有三个阶梯，当我的脚迈到中间那个阶梯时，由于下车时身体前倾，头部有一半伸到了车门外。这时，两扇车门带着风声向我的头部挤来，当时就像惊雷击打在头部，我大叫一声，车门被打开了，我也倒在车上昏了过去。”

她没想到，在十几秒钟前，她还在公共汽车上和邻居谈笑风生，十几秒钟后，在她下车的时候，两扇原本已经打开的车门带着风声向她的头部挤来。后来她被送到了医院。医生检查了她的伤势后，告诉她检查结果是中度脑震荡，伴有恶心、头晕和双手发麻的症状。

事故发生后，公交部门的领导找到司机郑某，原来，事故发生的原因就在于郑某一时麻痹大意，他以为人已经下完了，没有查看摄像头，就关上了车门，才酿成了这起车门挤人的事故。

对于我们每一个人来说，安全行为都是如此的重要，它是通往你成功彼岸的独木桥，只有在确保安全行为的前提下，你才能抵达成功的彼岸去感受成功的快乐。当你上班前穿戴好劳保用品时，那就是安全行为；当你按章作业时，那就是安全行为；当你发现一个不起眼的安全隐患，并及时将之消除时，那就是安全行为。

安全不出事则已，一出事就是大事。为此，我们要在安全行为上认清“三个概念”：第一是明确安全概念。解析安全两个字，“安”是没有危险即安，“全”是没有缺陷即全，只有认真理解了安全的概念，我们的安全生产工作才能真正落到实处。第二是提升安全理念。安全无小事，任何安全工作都是大事，安全是硬环境，只有把安全工作抓上去，才能为发展营造良好的软硬环境。第三是树立安全观念。安全是有代价、有付出、有成本的形态，只有使安全工作做到防患于未然，我们的投入才能受到回报。

4.

主动做好安全预案,控制安全风险

今天,"防事故于未然"已成为共识。但客观地讲,安全工作中的一些"瓶颈"问题仍没有从根本上解决。因此,我们要有"隐患险于明火"的紧迫意识。加强安全管理要有只争朝夕、时不我待的紧迫感、危机感,提高安全防范能力。

在现代复杂多变的环境中,预防是解决危机最好的办法。中国自古以来就重视对危机的预防。在博大精深的中国古代文化中,对危机管理有着充满辩证思想的论述。例如,"存而不忘亡,安而不忘危,治而不忘乱";"思所以危则安矣,思所以乱则治矣,思所以亡则存矣";"天有不测风云",强调的是"居安思危,思则有备"的思想。

一阵尖锐的警报声响起,在某啤酒厂高浓压机的管道上,喷涌出一股股白色气体,车间内随即被刺眼呛喉的烟雾所笼罩。"是漏氨。"与此同时,从车间对面的10多米远的氨泵房内冲出2名操作工,他们迅速穿戴好防毒面具,冲入漏氨的车间,极其娴熟地互相配合,停机、关阀、打开排气扇、电话报警、冲水喷淋,一系列动作干净利索,一起可能发生的重大事故被平息了。

"好,1分30秒!"随着计分员手上秒表的按停,周围观看的农民工齐声喝彩。这是某酿造厂为检验农民工对防毒用品的正确使用和对紧急泄氨事故应变处理技能进行的一场实战演习。

凡事预则立,不预则废。做好安全防范是极为重要的。做好危机防范工作,首先是培养危机意识,危机意识是危机防范的起点。危机意识是这样一种思想和观念,它要求个体或组织从长远的、战略的角度出发,在日常工作、生活中，抱着遭遇和应付危机状况的心态，预先考虑和预测可能面临的各种紧急的和极度困难的形势，在心理上和物质上做好对抗困难境地的准备，预先提出对抗危机的应急对策，避免在危机发生时因束手无策、不能积极回应而遭受失败。在太平无事的日子里，通过将“危机意识”引入个体或组织日常的管理中，已成为许多个体或组织维护安全的一个普遍法则。

美国微软公司曾提出，“微软公司距离破产只有十个月”，以警示所有的管理者和全体农民工；小天鹅公司实施本目管理，其目的都是强化危机意识。具备危机意识，对个体而言，就是要经常反省。检讨自己的行为，及时修正自己的不良行为；同时，还可多听听别人的意见，使自己始终对自己有一个清醒而清楚的认识，从而更好地维护自身的安全。对组织而言，就是要十分关注与组织运行相关的宏观与微观因素的变化趋势，及时发现危机前兆、超前决策、争取主动，尽可能将危机消除在潜伏期。

预防是危机管理的重要组成部分，涉及各个环节、各工作岗位、各部门以及每个农民工，甚至涉及设备、环境、管理方式和管理职能，是一项复杂的系统工程。预防危机，为此应该建立危机预警系统，及时捕捉危机征兆，以便及时制定应对措施。危机预警系统包括以下几点。

第一，建立起高度灵敏、准确的信息监测系统，及时收集相关信息并加以分析处理，根据捕捉的危机征兆，制定对策，把危机隐患消灭在萌芽之中。对于社会组织而言，需要掌握的信息主要有：国家政治、经济体制改革举措及政策变化的信息，以使形象主体行为与社会大气候吻合；市场供求信息及发展趋势，以便使组织的决策与市场需要相适应；市场竞争状况，竞争对手的经营策略、经济实力、业绩拓展特点等，以使组织管理者知己知彼；本组织经营策略，公众的反馈信息，如消费者对产品价格、质量、服务的评价以及组织产品或服务的市场占有率、销售额增长率、客户满意度等，以决定组织是否调整经营策略。

第二，定期或不定期开展企业主体自我诊断，分析企业在各方面活动或工作的状况，客观评价安全成效，找出薄弱环节，以便采取必要的纠错措施。

第三，预警系统制度化。把危机管理纳入形象管理的核心内容中，建立由主要负责人亲自领导，由管理办公室和信息中心等部门组成的危机预警组织，定期开展危机预测工作，分析危机信号，制定危机预防措施。

5. 查隐患不能漏过一个疑点，不能放过一个死角

隐患是事故发生的苗头，是事故发生的前提条件。加强隐患的预防工作，及时割裂、阻止具有因果关系的事故条件之间的联系，就能有效防止事故发生。反之，事故的发生就不可避免。在此种意义上讲，隐患就是事故，预防事故发生就是要预防隐患发生，消除隐患的存在。确立这种认识，有助于建立科学完善的安全生产管理体系。

“报告班长，设备电源线路完好，试机运行状况良好，可以正式工作。”“报告班长，砂轮机运转有异响，听声音可能有毛病，需要处理后才可以正常使用。”这是 2012 年 6 月 25 日一大早，川煤集团达竹机制公司机加工车间带式输送机托辊生产班组，9 名职工在进行作业前安全隐患确认和排查。

一直被大家公认的“上班风都吹得倒，下班狗都撵不到，遇到安全隐患不作为”的车间，今天怎么了？原来自今年“全国安全生产月”活动开展以来，该车间就有一条不成文的规定：每名职工作业前都必须进行安全隐患确认和排查，哪怕是挖地三尺也要将隐患消灭在作业前，决不让隐患滋生发芽。并且，把这项规定作为班组合格职工考评内容的一部分。“无形的压力让每位职工在安全隐患确认和排查上与过去发生了质的变化，不再是大家公认的‘上班风都吹得倒，下班狗都撵不到，遇到安全隐患不作为’的班组了。你看，大家一点都不敢怠慢。”该班班长景勇说。“是啊！我们班组以前在安全生产方面可没少扣分，这回要扳回面子，让大家看看‘笨鸟先飞’是怎么飞起来的。”车工董小静走到班长身边笑嘻嘻地说。“嗯，在以前，我们班组可丢面子了，出了隐患往往坐等靠，不作为。现在，我们在隐患排查侧重排查物的不安全状态的同时，更侧重排查人的不安全行为，排查管理缺陷、工艺隐患、设备隐患以及排查在工作环境和消防等方面的隐患；为了不留死角、不留空当，班组每班都要进行安全检查，按照‘横向到边，纵向到底’的要求，把生产过程中的薄弱环节作为工作的重点，一项一项地抓落实，从而带动了全班职工揪隐患、排隐患的热情高涨。”景勇接着说。

“安全无小事，没事要找事”是该车间自“六月安全月”活动中推出的一个重要举措，对此，该车间的要求是：凡事有人负责、凡事有章可循、凡事有据可查、凡事有人监督。“在安全生产中，隐患要靠‘深挖’才能被发现，如果有‘多一事不如少一事’的想法，安全生产就悬了。现在，在我们班组，只要发现事故隐患，大家一定会认真分析，一追到底，直至化危为安。”一名职工这样说。原来，该车间为把班组安全管理工作落到实处，找准、找全生产中存在的隐患。不搞花架子，同时积极探索贴近揭、排安全隐患的新方法，不遗余力抓整改。以关键岗位、关键时段、关键部位、关键环节及关键点的卡控为重点，加大现场揭、排隐患力度。对职工安全作业、标准作业的执行情况开展一次全覆盖、拉网式的现场作业对规对标，做到一班不漏、一人不漏。

“安全无小事，没事要找事”绝不是就安全抓安全，而是超越安全抓安全。没事要找事，是对安全隐患排查的升华和提炼。6月以来，该班组在“安全无小事，没事要找事”活动中，对职工自觉查出的12个安全隐患全部整改完毕，班组职工无一例轻伤及以上事故发生。

在生产中存在的安全隐患，是以现实的形态存在的，看得见，摸得着，只要我们认真去查找，任何隐患都是可以发现的，从而使我们能够及时进行整改。而思想上的安全隐患，却是以无形的方式存在的，看不见，摸不着，具有很大的隐蔽性，必给安全生产埋下“祸根”。这就要求我们在严查现实中安全隐患的同时，更要严查思想上的安全隐患。只有这两种形态的安全隐患全部查找到位了、整改到位了，各种安全事故才能避免。

农民工安全生产工作要细心认真，检查到位。检查内容主要包括以下几个方面：①检查安全生产责任制落实情况。生产经营单位和企业法定代表人负责制及主要负责人、分管负责人、安全管理人员、各岗位安全生产责任制建立及落实情况。②检查安全生产法律法规、标准规程执行情况。安全生产管理机构设立和专(兼)职安全管理人员配备情况；技术设备安全管理制度和岗位安全作业规程建立、执行情况；作业现场安全监督检查情况；新建、改建、扩建项目工程设计中的安全专篇制订执行情况，以及依法履行安全设施“三同时”制度情况；外来施工队伍安全监管情况等。③检查安全基础工作及宣传教育培训情况。生产经营单位和企业主要负责人、安全管理人员、特种作业人员的持证上岗情况和生产一线职工(包括农民工)的教育培训情况，以及安全宣传、劳动组织、用工等情况。

2013年3月13日上午12点，某种子加工厂值班警卫杨信向带班查岗的领导樊增建汇报说：由于前一阵子单位搞施工，没有及时把一些建筑垃圾拉走，就堆在了单位北面的围墙边上，这就会给一些不法分子带来可乘之机，存在安全隐患，建议单位找机车把这些建筑垃圾快点拉走，这样就不会有安全隐患了。像这样积极主动向单位领导汇报查找到的隐患的事情，该厂每个星期都会发生。该厂历来都把安全生产工作摆在其他工作之首，逢会、逢人必讲安全话题，使该厂干部职工群众明确没有安全意识，就不会有一个安全的工作、生活环境。安全的劲敌是隐患，找到了、排出了隐患，就给安全上了一把放心锁。

农民工安全工作只有满分，没有及格。比如一项工作的十项措施我们做了八项，我们就不能说安全工作及格了，因为往往剩下的两项措施就有可能是我们安全工作的隐患，就是发生事故的原因。因此，增强隐患即事故的理念是新时期应当坚持的安全观。农民工对安全隐患的检查要到位，不漏过一个细节，不能放过一个死角。这样，许许多多的事故都是可以避免的。

第八章

规范安全行为，堵住违章行为发生的源头

1. 有序的作业现场是农民工安全的保障

农民工有序的作业现场就是标准化作业，按照规范操作规程工作。在日常的生产活动中，操作规程是科学检验的结果，是生命的代价和事故的总结换来的成果。操作规程的任何一个环节都不能省略，不能跨越，不能颠倒顺序。否则事故一旦发生，一切都无法挽回。

规范操作是一种作业标准化。所谓作业标准化，就是对在作业系统调查分析的基础上，将现行作业方法的每一操作程序和每一动作进行分解，以科学技术、规章制度和实践经验为依据，以安全、质量效益为目标，对作业过程进行改善，从而形成一种优化的作业程序，逐步达到安全、准确、高效、省力的作业效果。标准化作业的作用主要有以下几方面。

第一，标准化作业把复杂的管理和程序化的作业有机地融合一体，使管理有章法，工作有程序，动作有标准。

第二，推广标准化作业，可优化现行作业方法，改变不良作业习惯，使每一工人都按照安全、省力、统一的作业方法工作。

第三，标准化作业能将安全规章制度具体化。

第四，标准化作业所产生的效益不仅仅在安全方面，标准化作业还有助于企业管理水平的提高，从而提高企业经济效益。

安全标准化作业是通过对作业开始到终结的科学推敲，在保证安全的前提下，制定出具有紧密衔接性的框图式工作程序，以使在作业的全过程中，能一个步骤一个步骤地模式化、程序化操作，这样可以防止因随意简化工作步骤而在安全上出漏洞，防止由于考虑不周，造成工作上的返工，也可避免因不必要的麻烦而产生的危险性，从而增加作业中的安全可靠度。

2003年4月，深圳某建筑工地，一台用行走台车固定在轨道上进行作业的H3/36B机，在吊运一捆钢筋至楼面后，当卸下吊物时，突然发生整机侧向倾翻，造成地面1人被砸死，塔机整机基本报废的重大安全事故。经事故现场勘察，发现塔机倾翻一侧底架的横梁已严重弯曲变形，底架一角的斜撑杆上端与塔身基础节连接的销轴已掉落地面，撑杆耳板从基础节的连接支座滑出，痕迹明显。据调查该事故的直接原因是斜撑杆的连接销轴脱落，使撑杆失去支撑作用，塔身的载接作用在底架横梁上，使横梁发生弯曲变形，塔身以上部分侧向倾翻，最后造成整机倒塌。

这场事故就是由于没有规范操作，违反作业标准造成的。塔机的设计文件，操作使用说明书，安装工艺规程都明确规定了销轴固定方法。塔机安装人员随意替代销轴固定装置，主观认为大直径销轴不可能任意转动和轴向窜动，是该起事故发生的主观原因。

安全作业标准化要求必须改变随意性指挥生产的方式，要坚持并且善于运用流程，经常提醒自己检查在流程上是否有错误。建立标准流程是促进安全生产的有效手段，能够逐渐提高企业的生产管理水平，甚至使其成为提高生产效率、确保产品质量、实现安全生产的基本行为准则。以下，我们总结了个别工种的安全操作规程，供大家参考。

(1)机床工安全操作规程

①机床开动后，刀具应慢慢接近工件，操作者应站在规定操作位置。清除金属屑禁止嘴吹、手拨。

②机床运转中，不准反向制动刹车，不准手摸工件或刀具，不准越过运转部位传送物件。调整机床速度、行程，调整工、夹、刀具，测量工件，机床润滑及擦拭机床，均必须停车进行。

③机床运行中，发现异常情况应立即停车，切断电源。

④机床开动后，不准擅离工作岗位，因故离开工作岗位或中途停电，都必须停车、切断电源。

⑤工作结束后，手柄、手轮必须放至空挡，切断电源、擦净机床，给导轨面加油，将拖板箱摇至尾部座部位。

(2)电工安全操作规程

①电气操作人员应思想集中，电器线路在未经测电笔确定无电前，应一律视为“有电”，不可用手触摸，不可绝对相信绝缘体，应认为有电操作。

②工作前应详细检查自己所用工具是否安全可靠，穿戴好必需的防护用品，以防工作时发生意外。

③维修线路要采取必要的措施，在开关手把上或线路上悬挂“有人工作、禁止合闸”的警告牌，防止他人中途送电。

④使用测电笔时要注意测试电压范围，禁止超出范围使用，电工人员一般使用的电笔，只许在五百伏以下电压使用。

⑤工作中所有拆除的电线要处理好，带电线头包好，以防发生触电。

⑥所用导线及保险丝，其容量大小必须合乎规定标准，选择开关时必须大于所控制设备的总容量。

⑦工作完毕后，必须拆除临时地线，并检查是否有工具等物漏忘电杆上。

⑧检查完工后，送电前必须认真检查，看是否合乎要求并和有关人员联系好，方能送电。

⑨发生火警时，应立即切断电源，用四氯化碳粉质灭火器或黄沙扑救，严禁用水扑救。

⑩工作结束后，必须全部工作人员撤离工作地段，拆除警告牌，所有材料、工具、仪表等随之撤离，原有防护装置随时安装好。

⑪操作地段清理后，操作人员要亲自检查，如要送电试验一定要和有关人员联系好，以免发生意外。

(3)装吊工安全操作规程

①起吊重物件时，应确认所起吊物件的实际重量，如不明确时，应经

操作者或技术人员计算确定。

②拴挂吊具时，应按物件的重心，确定拴挂吊具的位置；用两支点或交叉起吊时，吊钩处千斤绳、卡环、起重钢丝绳等，均应符合起重作业安全规定。

③吊具拴挂应牢靠，吊钩应封钩，以防在起吊过程中钢丝绳滑脱；捆扎有棱角或利口的物件时，钢丝绳与物件的接触处，应垫以麻袋、橡胶等物；起吊长、大物件时，应拴溜绳。

④起吊细长杆件的吊点位置，应经计算确定，凡沿长度方向重量均等的细长物件吊点拴挂位置可参照以下规定办理：(1)单支点起吊时，吊点距被吊杆件一端全杆长的 0.3 倍处。(2)双支点起吊时，吊点距被吊杆件端部的距离为 0.21 乘杆件全长。(3)如选用单、双支点起吊，超过物件强度和刚度的允许值或不能保证起吊安全时，应由技术人员计算确定其起吊支点数和吊点位置。

⑤物件起吊时，先将物件提升离地面 10～20cm，经检查确认无异常现象时，方可继续提升。

⑥放置物件时，应缓慢下降，确认物件放置平稳牢靠，方可松钩，以免物件倾斜翻倒伤人。

⑦起吊物件时，作业人员不得在已受力索具附近停留，特别不能停留在受力索具的内侧。

⑧起重作业时，应由技术熟练、懂得起重机械性能的人担任指挥信号，指挥时应站在能够照顾到全面工作的地点，所发信号应实现统一，并做到准确、洪亮和清楚。

⑨起吊物件时，起重臂回转所涉及区域内和重物的下方，严禁站人，不准靠近被吊物件和将头部伸进起吊物下方观察情况，也禁止站在起吊物件上。

⑩起吊物件时，应保持垂直起吊，严禁用吊钩在倾斜的方向拖拉或斜吊物件，禁止吊拔埋在地下或地面上重量不明的物件。

⑪起吊物件旋转时，应将工作物提升到距离所能遇到的障碍物0.5m以上为宜。

⑫起吊物件应使用交互捻制交绕的钢丝绳，钢丝绳如有扭结、变形、断丝、锈蚀等异常现象，应及时降低使用标准或报废。卡环应使其长度方向受力，抽销卡环应预防销子滑脱，有缺陷的卡环严禁使用。

⑬当使用设有大小钩的起重机时，大小钩不得同时各自起吊物件。

⑭当用两台以上起重机同吊一物件时，事前应制定详细的技术措施，并交底，必须在施工负责人的统一指挥下进行，起重量分配应明确，不得超过单机允许重量的80%，起重时应密切配合，动作协调。

⑮起重机在架空高压线路附近进行作业，其臂杆、钢丝绳、起吊物等与架空线路的最小距离应不小于规定距离。

(4)钳工安全操作规程

①在装拆侧面机件时，如齿轮箱的箱盖，应先拆下部螺钉，装配时应先紧上部螺钉，重心不平衡的机件拆卸时，应先拆离重心远的螺钉，装时先装离重心近的螺钉，装拆弹簧时，应注意防止弹簧弹起。

②检查设备内部，要用安全行灯或手电筒，禁止明火。

③设备清洗脱脂的场地，要通风良好，严禁烟火。

④手锤柄要牢靠，掌握适当挥动方向，避免敲击时伤人。

⑤使用虎钳夹小工件时，手指要离开钳口少许，以免夹伤手指；夹大工件时，站立位置要适当，以防工件落地砸伤脚。

⑥使用扳手拧紧或松开时，不可用力过猛，应逐渐施力，以免扳手打滑伤人，或擦伤手部。

⑦使用手锤、大锤，不准戴手套。打大锤时，甩转方向不得有人。

⑧必须按规定，穿戴劳动防护用品。

⑨使用锉刀、刮刀等工具，不要用力过猛。

(5)钢筋工安全操作规程

①人工弯曲钢筋时，应放平扳手，用力不得过猛。

②拉直钢筋，卡头要卡牢，地锚要结实牢固，拉筋沿线2m区域内禁止行人。展开盘圆钢筋要一头卡牢，防止回弹。

③手工切断钢筋时，夹具必须牢固。掌握切具的人与打锤人必须站成斜角，严禁面对面操作。抡锤作业区域内不得有其他人员。打锤人不

得戴手套。切断长料时，设专人扶稳钢筋，操作时动作一致。钢筋短头应使用钢管套夹具夹住。钢筋短于 30cm 时，应使用钢管套夹具，严禁手扶，并在外侧设置防护箱笼罩。

④绑扎和安装钢筋，不得将工具、箍筋或短钢筋随意放在脚手架或模板上。绑扎钢筋的绑丝头，应弯回至骨架内侧。

⑤在高处(2m 或 2m 以上)进行钢筋绑扎作业时，应搭好作业平台或拴好安全带，安全带应挂在作业人员上方牢靠处。不得在绑扎好的钢筋或模板拉杆、支撑上行走和攀登。

⑥冷拉钢筋操作切断合金钢和直径 10mm 以上圆钢时应采用机械，机械作业时必须扎紧袖口、理好衣角、扣好表扣，不得戴手套。

⑦冷拉时必须将钢筋卡牢，待人员离开后方可启动机械。并设专人值班看守，发现滑丝等情况时，必须停机并放松钢筋后方可处理。钢筋两侧 3m 以内及冷拉线两端严禁有人。

⑧冷拉场地两端地锚以外应设置警戒区，装设防护挡板及警告标志，严禁非生产人员在冷拉线两端停留，跨越或触动冷拉钢筋。操作人员作业时必须离开冷拉钢筋 2m 以外。

⑨雷雨天气应停止露天作业，以防电击伤人。雪后露天加工钢筋，应先除雪防滑，清除泥泞后再作业。暂停绑扎时，应检查所绑扎的钢筋或骨架，确认连接牢固后方可离开现场。

(6)爆破工安全操作规程

①爆破器材运输，要选用符合安全要求的运输工具，有持证的安全员或爆破员押运，按规定的路线和时间直接送到工地。

②雷管与炸药必须放置在带盖的容器内分别运送，其间距应相隔 50m 以上。

③在有沼气和煤尘爆炸危险的工作面，必须使用取得产品合格证的煤矿安全炸药和雷管。

④不同厂家生产的不同品种的电雷管不得掺混使用。

⑤加工起爆药包，只许在爆破现场于爆破前进行，并按所需数量一次制作，不得留成品备用，制作好的起爆药包应派专人妥善保管。

⑥导火索插入火雷管要轻轻推至加强帽，严禁转动插入。电雷管只许由药卷的顶部装入，不得用电雷管代替竹、木棍扎眼。装制炮头时，必须将电雷管脚线末端扭结短路。

⑦炮眼内的泥浆，石粉必须吹洗干净；刚打好的炮眼热度过高，不得立即装药。电力爆破装药连线时，严禁雷管脚线、放炮母线与导电体相接触。

⑧装药要用木竹棒轻塞，严禁用力抵入和使用金属棒捣实。禁止使用冻结、半冻结或半溶化的硝酸甘油炸药。

⑨工作面装药时，人员要撤到安全地点，画出警戒线，严禁一切人员通过；放炮时，必须先发出警号进行爆破时，所有人员应撤离现场，其安全距离为：⑴独头巷道不少于200m；⑵相邻的上下坑道内不少于100m；⑶相邻的平行坑道，横通道及横洞间不少于50m；⑷全断面开挖进行深孔爆破(孔深3～5m)时，不少于500m。

⑩导火索起爆时严禁明火点炮。单人点火时，一人连续点火的根数(或分组一次点火的组数)，地下爆破不得超过5根(组)，露天爆破不得超过10根(组)；导火索长度应保证点完导火索后，人员能撤至安全地点，但不得短于1.2m；多人点火(或连续点燃多根导火索)时，应指定其中一人为组长，负责协调点火工作，掌握信号管或计时导火索的燃烧情况，信号管响后或计时导火索燃烧完毕，无论导火索点完与否，均应及时发出撤至安全地点的命令。

⑪采用电雷管爆破时，应加强洞内电源的管理，防止漏电引爆。装药时可用投光灯、矿灯照明。起爆主导线宜悬空架设，距各种导电体的间距必须大于1m。放炮器有专人保管，闸刀箱要上锁。

⑫放炮必须有专人指挥，设立警戒范围，规定警戒时间、信号标志，并派出警戒人员；起爆前要进行检查，必须待施工人员、过路行人、车辆船只等全部避入安全地点后方准起爆。

⑬放炮完毕后，安全员、爆破员必须检查放炮地点的瓦斯、顶板、支架、瞎炮、残炮、通风等情况，确实无危险时，才能解除警戒。

⑭在瞎炮未处理完毕前，严禁在该地点进行其他作业。

⑮炸药、雷管随领随用，由爆破员和安全员专人申领，在爆破前半小时直接领到现场；当天未完的炸药、雷管必须立即退还回炸药库房并登记造册，严禁私藏炸药、雷管。

生产企业每个岗位、每个工种、每项作业都有具体的工作标准，这些标准源于日常生产的具体实践，有的甚至是血的教训。但是，在日常作业中，总有些农民工图省事，怎么顺手就怎么干。在他们看来，不违章干不出活，省一两道工序出不了事，久而久之，看惯了、干惯了、习惯了，就埋下了安全隐患。我们能否按标准流程作业，关系着农民工、企业的生命财产安全，同样也关系着自身的人身安全。严格执行“标准化安全作业程序”是建立正常生产秩序的重要手段。我们农民工一定要规范操作规程。规范操作，不仅是农民工对工作的负责，更是对生命对社会的负责。

2. 规范操作，良好的安全行为让我们更安全

严格地按照安全操作规程进行工作是我们农民工安全生产最好的写照。安全工作要用标准规范行为，让安全成为习惯。要规范个人的行为，不是一句话能做到的，现在许多管理者都注意到了职工行为规范问题，从培训抓起，这对搞好安全生产是很有必要的。这样才能建立起安全生产的长效机制。

2012 年 2 月 20 日 23 时 30 分，鞍钢旗下重型机械有限责任公司铸钢厂铸造车间发生喷爆事故。事故造成 13 人死亡，17 人受伤。其中 11 名伤势较轻者病情稳定，另外 6 人伤情严重，烧伤面积均在 65%以上。伤者均为男性，年龄在 20 岁至 51 岁之间，以烧伤为主。

伤势较轻的吊车工徐金兴回忆说，事发时他正在倾倒钢水罐中的钢水，“正好是往回打罐的时候，忽然间那玩意儿就飞回来了，给我弹了个跟头。当时眼前一片漆黑，啥也看不着。”

受伤工人冉明当时离钢水罐只有七八米的距离。他回忆说：“里面钢水动了，我就开始转身跑。刚跑两三步，钢水就飞出来了，我感觉脸火辣辣的，然后就接着跑。反正现在回忆不出当时怎么跑的了，身上着火我就跑。”

事发后，鞍钢几十名工友前去探望伤者。“听说这个消息，我马上就过来了，主要是担心有没有我的同学受伤。”一位前往医院探视的鞍山市民说，他曾在出事车间工作过一年，和很多现有工人是同学，都毕业于鞍钢机总技校，2006 年毕业工作一年后辞去工作，幸免于一难。据这位工友称，与自己同期入职的一名同学遇难，“心里很难受，他(遇难者)之前还参加过我的婚礼，明天我可能要去参加他的葬礼了。”这位工友说。

一时的疏忽和麻痹而付出的代价是惨痛的。生命对于每个人来说仅仅只有一次，注重安全、遵守安全行为习惯是每个人的起码要求，我们应该像珍惜生命一样重视安全。在工作中，规范人员的行为才能带来人员的安全。当然，规范的行为教育并非一些恐怖场面的展示和几句空洞的口号所能解决的问题，它是我们每个人生活的一部分，是每个人必备的知识、能力和意识。日常点滴积累的过程，是缔造良好习惯的过程。安全非一日之功，更不可能一劳永逸，而是要达到“让安全成为习惯，让习惯更加安全”的良性互动境界。

一次，阿根廷客商萨瓦斯先生实地走访了国内几家知名空调企业后，把一份价值 500 万美元的订单交给了三星奥克斯集团。这个数值，约占萨瓦斯此番在华空调采购总量的 4/5。其在三星奥克斯集团逗留期间发生的一个安全小细节，或许对此有推动作用。

那次，有5家空调企业被列入该海外采购团的考察行程表（都是先前已有了初步意向，只等最后定夺）。外商一行3人进入厂区后，照例是参观展厅、听企业介绍，然后考察生产现场。在车间一圈走下来，正好到了农民工下班吃午饭时间。

萨瓦斯先生的目光，忽然被一名普通的流水线操作工吸引住了。因为，那人的动作有点“怪”：单腿跪在地上，猫着身子，用一把扫帚费力地从操作台底下向外拨着什么。钱币？戒指？萨瓦斯先生不觉在她背后停住了脚步，饶有兴味地看她到底能找出什么宝贝来。

不一会儿，扫帚底下出现一枚小小的螺丝钉；过了一会儿，又是一枚。那位农民工这才直起身子。看着她把螺丝钉放入专门的盛具，萨瓦斯先生很意外，没想到她费这么大劲只是为了找两个螺丝钉。

厂方准备了午餐。参观车间后一直若有所思的萨瓦斯先生，随接待人员来到了餐厅。在饭桌上，萨瓦斯先生忍不住询问接待员：那个人费那么大的力气就是为了找几颗螺丝钉吗？接待员答道：“是的，这是我们生产的操作规定，工作结束后，公司安排安全检察人员全场检查一遍，确保无遗漏、无疏忽。螺丝钉虽小，但容易引发不安全的因素，所以也在清除之列。”

3天后，奥克斯集团就接到了萨瓦斯的确认电话。后者表示他已决定于次日飞赴宁波。不过这次不再是考察，而是专程到奥克斯签约！他说，三星奥克斯集团的企业实力和产品优势，与其他几个同为中国顶尖品牌相比“并不突出”，但两枚螺钉给他留下了极为深刻的印象。

两枚螺钉促成了一份价值500万美元订单的签订，由此可见良好安全行为的威力。众所周知，要消灭身边的事故，就必须规范个人的行为——个人行为规范了，安全意识提高了，按照制度去工作，即使没人监督，也不会出事故。

习惯养成性格，性格决定命运。对于组织中的个人来说，他的工作可能是与人交流，也可能大部分时间是与机器打交道，每个人都会形成自己的工作习惯。一个人工作习惯的形成或者改变，与他自身的情况以及他所处组织的内部环境密切相关。习惯会无意识地决定一个人所作的决策或行动，而个人的决策方式和行为方式往往对他所在的组织的整体业绩的好坏起着至关重要的作用。当保障安全成为你的工作习惯时，工作对于自身的意义就不是赚钱那么简单了，你也不会因为公司的各项安全规定、规章制度而觉得自己的自由受到了限制，更不会在“无意识”状态下做出危害公司利益或者伤人害己的事，一切危机将于无形中得到化解。

3.自检自查，时时谨记违章行为就是自杀

违章是事故的温床和祸根，是安全的大敌和杀手，是管理的漏洞和死角。也许你曾经违章作业，甚至不止一次，现在却照样平安无事。或者你还自鸣得意——瞧我，“三违”都没有抓，也没造成重大事故！可是，你想过没有，你的逃脱不过是侥幸。来看一看我们身边血的记录，你一定会不寒而栗。

某石化公司石油三厂烷基化车间在停工处理中，将反应系统内所存的废硫酸排放到大坑中，与过去经常排入的烷基化原料液态烃碱洗后的废碱液发生反应，释放出 H_2S 气体，随风飘荡。17：00 左右，重整车间一工人行至烷基化装置仪表室门前被熏倒。车间领导知道后，立即下令停止排放，进行检查。后又发现当班班长被熏倒在液态烃碱洗罐东侧，大坑附近有5人中毒，其中1人因中毒时间较长，抢救无效死亡。

安全管理制度是安全生产的“圭臬”。农民工遵守安全制度才能根除隐患。然而，有些农民工会觉得安规的规定过于详细、过于烦琐，妨碍了他们主观能动性的发挥。如果对安全制度抱有这样的想法和态度，违章行为在所难免。

2008年10月28日晚8时许，重庆市武隆县与彭水县交界处的芙蓉江跨江大桥施工现场发生一起安全事故。当时施工钢丝绳吊篮运送23名工人上晚班，因平衡物断落打在吊篮上，造成11人死亡，12人受伤。

事后调查事故成因如下：

①项目部门不服从管理。项目部安装好缆索吊篮之后，在没有经过质检部门安全检测的情况下便投入运营，而且还违反吊篮管理的相关规定，违规运送工人上下班。

②吊篮操作人员不服从管理。当质检部门发现工地存在吊篮违规运送工人的问题后，曾命令该吊篮停止运行以待检查，并制作了不准载人的警告牌。在随后的检查中，质检部门更是发现了吊篮钢缆存在严重的安全隐患，并发出警示。但吊篮操作员对此置若罔闻，仍然继续违章操作。

③工人不服从管理。因工作现场上下班路途较远，于是工人对于吊篮上“不准载人”的禁令熟视无睹，仍然采用吊篮上下班。

无疑，在这起事故中，相关管理人员不落实安全生产措施的相关规定、农民工不服从安全管理的规定违章作业是造成这起严重事故的主因。在这起惨痛的事故中，不仅失去了11条鲜活的生命，而且负责该项目的经理、副经理、项目部总工程师、劳务承包负责人、施工安全员、吊篮操作员及吊篮缆绳维修保养员 7 人被依法追究责任。

据调查统计，企业所发生的绝大部分事故都是由于“违章作业”造成的。从事故统计分析来看，80%以上的事故是由于违章而引起的。因为一次违章作业，原本健康的体魄留下了永远的伤痛；因为一次违章作业，原本鲜活的生命定格在了一瞬；因为违章作业，原本幸福的家庭蒙上了悲痛的阴影；因为一次违章作业，企业或国家蒙受了巨大的损失。一幕幕血淋淋的教训时刻在撞击着我们的心灵，不能不令我们痛心。可以说违章操作等于自杀，违章指挥无异于杀人。

2009 年 5 月 7 日，深圳某钻井队在某井进行设备安装。8∶20开始安装顶驱导轨（共 4 节，每节长 8.19m），参加安装的人员有副队长郑某，钻台大班李某，司钻赵某、刘某，副司钻王某、张某、牛某（新疆某劳务派遣公司库尔勒分公司劳务派遣工），井架工周某，内钳工孙某，场地工赵某。司钻赵某操作刹把，吊起驱导轨的提升架安装在第一节（最上一节）导轨的顶部，并加装固定锁销。8∶10，按正常顺序安装完第 4 节导轨后，用游钩上提提升架（长 1.1m，宽 0.6m，高 0.65m），大钩与提升架用钢丝绳软连接，提升架上端面距大钩 0.7m 安装导轨，导轨与吊臂连接完毕后，副司钻牛某和井架工周某上井架拆卸顶驱导轨提升架固定锁销，牛某进入提升架内拆卸提升架固定锁销（长 64mm，直径 12mm），第一次未拆掉，牛某从井架下到钻台，询问钻台大班李某如何拆除后，再次上井架进入提升架拆除固定锁销，此时井架工周某站在井架梯子上协助牛某递送工具。9∶40提升架固定锁销拆除，牛某坐在提升架内示意下放游钩，司钻刘某操作刹把，开始下放游钩。当提升架下行至第一节与第二节顶驱导轨的连接处时，提升架突然卡住，游钩继续下行，牛某被压在游钩与提升架之间，后脑受挤压，从提升架内跌出，安全带将其挂在空中，现场人员立即组织抢救，将牛某救下钻台送至医院救治，但牛某最终经抢救无效死亡。

事后分析，这件事故的原因是违章操作，牛某拆掉顶驱提升架固定锁销后，试图直接乘坐提升架下到钻台，副队长郑某指挥司钻刘某操作刹把送牛某下井架，违反《顶驱安装操作步骤及注意事项》中"严禁搭乘顶驱导轨提升架，避免人员伤害"的规定。

在安全生产中，违章是诱发一切责任事故的土壤和温床。违章顽症害死人，下气力根治习惯性违章顽症，根本是要强化农民工对违章严重危害性的深刻认识。对于发现的违章问题，必须及时纠正、严肃处理、彻底根治，全方位筑实"防止惯性违章"孕育、生长、传播的坚固防线，真正从灵魂深处筑牢"安全第一"的思想防线。

4. 立足岗位工作，把误操作行为减到最少

我们已经知道，严守规章才能保证安全。但是，发生在人类社会生活中的许多生产安全事故都是由于误操作造成的。如果说这是由于操作人员素质低违章操作、安全管理混乱无制度、设备落后存有隐患等，这我们或许无话可说，可是，还有许多安全事故是在操作人员安全知识丰富、安全技能熟练、企业安全管理体系完整和设备比较先进的情况下发生的，这就不得不让我们叹惜误操作害人匪浅，实属不该。

2007年8月9日上午10时许，河北省某工业区的一塑胶有限公司发生一起塑料拌料机伤人致死事故，造成一人死亡。死者，唐某，汉族，男，39岁，是该厂的职工。当日，因1号塑料拌料机主轴承损坏需停机修理，整条薄膜生产线停产。上午8点左右，修理工王某将1号塑料拌料机顶盖打开，并准备继续拆除该机内的拌料臂和机筒。10时许,王某拿来三脚葫芦、钢丝索和拉模,自己在机边扣钢丝索马口扣,炼胶工唐某进入机筒内用三爪拉模拆卸拌料臂。正在这时,2号塑料拌料机操作工张某加完2号塑料拌料机的原料,准备启动电机拌料。他在按启动按钮时,误按1号塑料拌料机的启动按钮,使正在修理中的1号塑料拌料机突然启动,并听到1号拌料机筒内有人“啊”的一声惨叫,他马上按停止按钮,将1号拌料机停下来。这时,王某往机筒内一看,唐某已被碾得血肉模糊。在场的销售负责人上操作台将1号机的总闸拉下,并与车间负责人一起,准备将唐某从机筒内抱出来,但唐某的衣服被筒内的拌料臂紧紧扣住,无法拉出来,就叫人拿来剪刀,将唐某的衣服剪了后才抱出来,发现唐某已经停止呼吸。之后,企业负责人马上打120求救,120过来后,经医生诊断,唐某已经死亡。后打110报案。

张某原系1号拌料机操作工,因当天1号机故障停机修理,是生产负责人临时将他调到2号机操作的。在启动电机时,由于习惯性动作,误将1号配电屏按钮启动,造成停机修理的1号机启动,将机内修理人员唐某碾死。这是发生事故的直接原因。

安全生产工作,容不得半点失误,张某只是因为按错了一个按钮,别人就因此而丧命。一次失误,一次不认真,带来的却是血腥。据研究表明,32%的安全事故由作业人员操作失误引起,不安全行为已成为事故主要因素之一,成为岗位安全的最大隐患。误操作事故的危害不会低于违章操作,甚至会高于违章操作,因为误操作不是违章,而是任意而为,有时引发的事故甚至是前所未有、前所未见的,连抢救都无从下手,其损失更是无法估量。可见,要想实现安全发展,必须把误操作减到最少。

要把误操作减到最少,除了制度的约束,农民工必须培养认真细致的作风。认真是一种工作态度,更是一种能力。每一项工作要想做到完美、做到极致,都必须以认真细致作保证。

在日本，河豚被奉为“国粹”，河豚肉质细腻，味道极佳。这种鱼的味道虽美，毒性却极强，处理稍有不慎就有可能致命。在中国，每年因吃河豚中毒、死亡者达上千人；但同样是吃河豚，在日本却鲜有中毒、死亡的事情发生。

日本的河豚加工程序是十分严格的，一名上岗的河豚厨师至少要接受两年的严格培训，考试合格以后才能领取执照，开张营业。在实际操作中，每条河豚的加工去毒需要经过30道工序，一个熟练厨师也要花20分钟才能完成。但在中国，加工河豚就像做普通菜一样，加工过程随随便便，烹饪过程也没有太多的工序。

加工河豚为什么需要30道工序而不是29道？我们不得而知，我们知道的是日本很少有人因吃河豚而中毒，原因就出在工序上。可见，日本人将安全工作落实得十分到位，经过30道加工工序后，河豚肉不仅味道鲜美，而且卫生无毒害。

安全要搞好，必须有认真细致的作风，有精益求精的态度，杜绝“应付、凑合、差不多、基本上”等不负责任的做法，把认真细致体现在工作的每一项中，实现“零失误”、“零差错”。安全工作无小事，我们从事的每一项工作都必须保证安全，有些问题看似“微小”，但如果放松自我约束，其酿成的后果就会不堪设想。所以，要想减少误操作，农民工必须从自身做起，工作中少一些大意、多一些认真，培养认真细致的作风，要采取有效的措施规范农民工的安全行为，才能杜绝误操作，让安全永远追随我们。

5. 控制“三违”行为，全面纠正习惯性违章

养成良好的工作习惯在农民工反“三违”工作中尤为重要。“三违”是指“违章指挥，违章操作，违反劳动纪律”的简称，也是企业农民工在生产过程中不按章程办事的违章行为的统称。“三违”行为是人的不安全行为的集中表现，是事故的根源。根除“三违”行为是做好安全生产工作的关键。据统计，安全事故中有90％以上都是因为“三违”而导致的，“三违”是安全发展中最大的敌人，如果不严格执行安全规程，反对“三违”行为，那么必定会酿成恶果。

违章指挥主要是指生产经营单位的生产经营者违反安全生产方针、政策、法律、条例、规程、制度和有关规定指挥生产的行为。违章指挥具体包括：不遵守安全生产规程、制度和安全技术措施或擅自变更安全工艺和操作程序，指挥者未经培训上岗，使用未经安全培训的劳动者或无专门资质认证的人员；指挥工人在安全防护设施或设备有缺陷、隐患未解决的条件下冒险作业；发现违章不制止等。

违章作业主要是指现场操作工人违反劳动生产岗位的安全规章和制度，如安全生产责任制、安全操作规程、工人安全守则、安全用电规程、交接班制度等以及安全生产通知、决定等作业行为。违章作业具体包括：不遵守施工现场的安全制度；进入施工现场不戴安全帽、高处作业不系安全带和不正确使用个人防护用品；擅自动用机械、电气设备或拆改挪用设施、设备；随意爬脚手架和高空支架等。

违反劳动纪律主要是指工人违反生产经营单位的劳动规则和劳动秩序，即违反单位为形成和维持生产经营秩序、保证劳动合同得以履行，以及与劳动、工作紧密相关的其他过程中必须共同遵守的规则。违反劳动纪律具体包括：不履行劳动合同及违约承担的责任，不遵守考勤与休假纪律、生产与工作纪律、奖惩制度、其他纪律等。

农民工违章往往潜伏着事故隐患，与事故苗头相伴相生，成为随时可能造成危害的定时炸弹。一旦有事就会付出血的代价。因此，工作中一定要按章办事，只有这样才能保障安全。严守操作规程，才能够避免事故的发生。在实际的工作中，农民工违章屡禁不止，时常发生，除了一定的历史原因和社会原因外，主要有以下几种根源：

(1)侥幸

造成习惯性违章的直接原因，是违章者存有侥幸心理，一方面侥幸不会出事，另一方面侥幸不会被处罚，有很多的习惯性违章都是由于侥幸心理引起的。之所以产生侥幸心理，一是认识上的错误，认为违章不一定会出事；二是经验主义，认为以前这样干过，未发生问题，所以也不会造成事故，这种心理在一些经验丰富的班组长中时有表现；三是明知这种操作方法违章，但他们侥幸倒霉的事不一定就会被我碰上，造成冒险违章。当然还有些违章者，侥幸认为违章只要不被安全生产督察人员知道，就不会被处罚，所以违一次章也没什么。

(2)习惯

习惯是一种重复性的、通常为无意识的日常行为规律，它往往通过对某种行为的不断重复而获得。有些常见的违章行为，是违章者本身就形成了这样的习惯，习惯性违章行为或者是一上班就从师傅、同事那里学到了这种习惯，或者是自己多年工作中养成了习惯，这些习惯深深根植于他们的潜意识当中，仅用显意识几乎无法改变习惯。所以在工作中自己思想稍一放松，这些习惯性违章自然而然就发生了。比如从杆塔上向下丢螺丝之类的小物件，这是一常见的习惯性违章行为，谁都知道这是《安规》明文禁止的，但是个别人就是有这样一种习惯，这些行为可以在他们身上反复出现。提到习惯性违章，我们要认清偶发性违章与习惯性违章的关系，偶发性违章多半是人的无意行为，但决不能因为无意失误而姑息迁就，因为习惯性违章起始于偶发性违章，若不严于纠正，每一次偶发性违章都可能演化成习惯性违章。

(3)省事

部分工作,当按章作业和工作效率之间发生冲突的时候,他们的重心倾向了片面追求工作效率,嫌做安全措施费时麻烦,影响工作的进度和效率,作业中总想越过某些规定走捷径,图省事、方便,想怎么干就怎么干,怎么方便就怎么干,随意性很强,却把安全规程、安措、反措统统忘到了脑后,造成了为节约时间和省事而违章作业的习惯。

(4)盲目

近年来,尽管我们加大了规程制度的培训和宣贯力度,但仍不排除极个别的农民工对规程制度认识和理解上的盲目。盲目在对规程不熟,对规程明文禁止的行为心中无数;盲目在对规程理解不够,《安规》的条文规定是约束相应的一系列行为,如果对规程理解不够,就会出现在违章行为发生时,自己还不知道已经触犯规程形成违章了。

(5)随众

“随众”是人的一种普遍心理。人有随众性,在作业现场如有人不遵守《安规》等规章制度,发生习惯性违章行为又未受到及时制止,马上就会有人跟着干。即使有些成员知道这是违章行为,也会想到反正大家都是这样做的,自己这样做也无所谓。

(6)反违章不力

个别管理人员反习惯性违章不力,对习惯性违章行为视而不见,见而不管,管而不严。如果管理人员怕得罪人,不敢抓,不敢管,更不敢考核,就会使习惯性违章不能从根本上杜绝。对习惯性违章除了批评教育外,还必须辅以经济考核,这样才能更有效地遏制习惯性违章。否则,发现违章行为不制止、不纠正、不处罚,其实质是对违章行为的认同、包庇和纵容。

习惯性违章大多属行为性违章的范畴。所谓习惯性违章是指那些固守旧有的不良作业传统的工作习惯,违反安全工作的行为。这是一种长期以来沿袭下来的作业行为,它实质上是一种违反安全生产工作客观规律,盲目地自觉不自觉地随心所欲,且习以为常的行为方式。习惯性违章者往往既知道安全规程,又懂危害性,但在实际工作中由于怕麻烦、图省事等种种因素，不顾规程要求，按照自己认为可行的方式办事，因而它具有顽固性和多发性，因此往往不易纠正，只要支配习惯性违章行为的心理不改变，习惯性行为方式不纠正，习惯性违章行为就会反复发生。综观各类安全事故不难得出结论，习惯性违章是引发事故的导火索，是发生安全事故的薄弱环节。

2011年6月初，广州市番禺区石楼镇茭东村村民郭桥芳建房，包工头胡杰刚把打地基的工程转包给樊红顺。樊红顺带着两个工人开了工。该工程位于茭东村蒲岗大街一巷10号北侧。樊红顺他们的任务就是炸掉“那些石头”。他们在岩石上凿了9个孔洞，然后装入无声炸药。

樊红顺是第一次接触无声炸药，不知道如何使用。他带的两名工人中有一位以前使用过。根据他的经验，他们将粉状的膨胀剂兑了水搅拌，一一灌装入那9个孔里。那位“懂行”的工人还说：“天气冷时，需要两至三个小时爆炸；天气热时，时间会短一点。”当天天气炎热，是6月8日下午5点钟，樊红顺他们装好炸药，为防伤人，樊红顺用夹板将每个孔洞都盖起来，然后准备收工撤离。就在他盖到中间一个孔洞时，炸药膨上来(即爆炸)，当场把他的眼睛炸伤了。樊红顺的眼睛当场就看不见了，工友搞来清水冲洗，还是看不见。送石碁医院，医生称严重，应送市桥医院。在市桥医院，医生仍称严重，又送到广州中山眼科医院。樊红顺在中山眼科医院住院四次，5次手术，花费4万余元，但眼睛还是“瞎”的。医生称，能治到什么程度实在难下结论，也许还要换角膜。

调查事故原因发现，俗称“无声炸药”的无声膨胀剂操作时必须戴防护眼镜，且必须是符合国家安全标准生产的防冲击防尘PVC护目镜。包工头胡某疏于安全生产管理、培训和防护，樊红顺本人违章操作是这次事故的重要原因。

习惯性违章是杀人不见血的刀。要杜绝事故,必须纠正习惯性违章。事实证明纠正一种具体的违章行为比较容易,但要改变或消除受心理支配的不良习惯并非易事,需要经过长期的努力,才能纠正不良的工作习惯。纠正习惯性违章,首先应抓好人员管理,通过学习和培训来提高安全作业人员的安全意识,通过学习事故案例,让血淋淋的事故来警醒工作人员松懈的安全神经。事故案例就是一剂清醒剂。通过事故原因的分析,让工作人员明白安全工作的重点,让作业人员反思,导致事故发生的真正原因,在今后此类工作中应该怎样进行危险点预控,意识提高了,重点明白了,就解决了作业人员怎样做的问题。其次,要落实保证好生产安全的"三项措施",即组织措施、技术措施、管理措施,这就要求作业人员和安全管理人员严格执行各项安全措施,以严格的组织措施、完备的技术措施和到位的管理措施,强化职工的安全意识,实现安全管理程序化和规范化,使各项安全工作真正实现可控、在控、能控,使习惯性违章无立足之地,无藏身之处。

第九章

注重职业防护，
健康是做好安全工作的根基

1. 珍爱健康，小心防范职业中的各种危害

“年轻时拿命换钱，年老时拿钱换命。”有人以此来形容农民工的工作境况，这话虽然有些夸张，但农民工的身心健康问题确实不可小觑。卫生部的一项调查结果显示，国内农民工身心健康问题突出，很多人受到过各种健康问题困扰。尤其是农民工工作环境差，容易受到各种职业危害。

安全工作容不得半点的敷衍与欺骗。不重视自我保护，就是不爱惜自己，不珍惜生命。每个职工在工作中必须自觉地养成穿戴劳动防护用品的良好习惯，不能怕麻烦图舒服。正确使用防护用品，才能真正起到防护的作用。所以，农民工一定要重视自我保护，严格使用防护用品，紧抓安全这根弦，对自己的安全负责任。

2005 年，大兴区卫生监督所针对辖区内印刷企业较多的行业特点，对各类型的 23 家印刷企业进行了监督检查。检查发现，大部分企业在印刷过程中都要使用汽油、洗车水、甲苯等化工产品作有机溶剂，部分印刷、覆膜车间无机械通风设施，劳动者无个人防护用品。印刷车间内苯、甲苯、汽油、异丙醇等有害因素超过国家卫生标准，特别是在塑印工艺中，需要使用大量含有甲苯、异丙醇等成分的清洗剂清洗油墨，个别作业点甲苯浓度超过国家标准达 30 倍之多。检查中还发现，部分企业的管理者对职业病防治工作未引起足够重视，不能按规定组织有害作业工人进行定期职业健康体检，个别车间负责人声称“干了一辈子印刷，没见对身体有任何影响”。而从事印刷作业的劳动者大部分为外地来京打工人员，本身文化素质较低，缺乏职业病防护意识，对印刷工艺中存在的危害因素一知半解，对车间内浓重的异味也只是司空见惯，未见工人佩戴任何防护用品，个别工人称“习惯了”。

广大的农民工应注意学习职业病防治知识及法律法规知识，提高自我保护和维权意识，时刻警惕劳动过程中的各种职业危害。职业危害指在生产劳动过程及其环境中产生或存在的，对职业人群的健康、安全和作业能力可能造成不良影响的一切要素或条件的总称。作业场所职业危害是指劳动者职业活动中可能在作业场所接触到的粉尘、化学性毒物、物理因素、生物因素等可能导致职业病的各种有害因素。

职业危害因素是造成职业病的原因。卫生部发布的《职业病危害因素分类目录》，将主要的职业危害因素分为以下 10 类：

①粉尘类；

②放射性物质类(电离辐射)；

③化学物质类；

④物理因素；

⑤生物因素；

⑥导致职业性皮肤病的危害因素；

⑦导致职业性眼病的危害因素；

⑧导致职业性耳鼻喉口腔疾病的危害因素；

⑨职业性肿瘤的职业病危害因素；

⑩其他职业病危害因素。

生命对于我们农民工只有一次，健康的身躯才是幸福生活的基础。有了健康，你才不用忍受疾病的折磨；有了健康，你才能专注于事业；有了健康，你才有可能去享受人类创造的所有物质文明与精神文明。健康的身体是幸福之本，也是成功之本。可是，在现实生活中，有的农民工不重视健康，以牺牲健康为代价去赚钱，这实在是一种“短视”的行为。

有一位青年经常抱怨自己时运不济。一天，一位白发苍苍的老人，拄着拐杖来到青年的身边，他问道："年轻人，干吗不高兴？"

青年摇摇头："我不明白我为什么老是这么穷困？"

"穷？我看你很富有嘛！"老人由衷地感叹。

青年人丈二和尚摸不着头脑："这从何说起？"

老人没有做出正面的回答，而是反问道："假如今天我打断你的一只手，给你一千元，你干不干。"

"不干。"青年人回答道。

老人又问："假如我打瞎你的一只眼睛，给你一万元，你干不干？"

"不干。"青年人回答。

"假如让你变成快要死的老头，给你一百万，你干不干？"老人打破砂锅问到底。

"不干。"青年人仍这样回答。

"这就对了。你身上的钱已经有了好几百万了。有一双眼睛，你就可以学习；有一双手，你就可以劳动；有美好的青春，你就可以奋斗。现在，你自己看到了吧，你有一个多么丰富的宝库啊。"老人微笑着说。

这则故事风趣而巧妙地说明了身体健康是一座取之不尽的宝库，里面拥有无穷的财富。拥有这笔财富，不但别人夺不走，而且还能以此赚取更多的财富。确实，健康的身体是一个人的生命中从事工作、学习、生活的有力保障。有健康即有希望，有希望才有一切。

2. 珍爱生命，防范职业病这个“隐形杀手”

什么是职业病？职业病是指企业、事业单位和个体经济组织的劳动者在职业活动中，因接触粉尘、放射性物质和其他有毒、有害物质等因素而引起的疾病。在一些地方，职业病造成的生命损害已经超过了矿难等突发事故，职业病已成为对职工生命危害最大的“隐形杀手”，这绝非危言耸听。我们常常讲，要保证劳动者有尊严地工作，所谓尊严其实不仅仅体现在收入方面，劳动者能否拥有一个健康的身体，也是是否有尊严的重要标准。

据卫生部的最新统计数字显示，我国百分之九十以上的职业病患者都是农民工。有害的工作环境正在夺走这些农民工兄弟赖以生存的最基本的资源——健康。

江西姑娘小李，去年到一鞋厂做刷胶工，4 个月后发现手脚发软，无法上楼。回家治疗后，病情每况愈下，最后瘫痪在床。随后，经江西省职业病防治院初步诊断为有机溶剂中毒，虽然 3 个月后能够下床立地，现在能够走上几步，但她脚部肌肉已经严重萎缩。

四川的文先生，在一鞋厂打工 6 年，主要做包海绵，2007 年 2 月渐感四肢无力。老板说可能是贫血或营养不良。于是文先生向老乡借了 4000 多元，先后到晋江中医院、第一医院、防疫站求诊，但查不出病因。而后来到泉州第一医院，经肌电图诊断疑为中毒病例。

四川的贾先生，晋江某鞋厂包海绵工，他在鞋厂干了一年，渐渐感到体力不支。在省职业病防治院接受了 3 个半月的治疗后，近期刚刚出院，出院诊断书上写着：职业性慢性正己烷中毒。他表示，虽然出院了，但身体还没有完全恢复，腿脚还有些麻。听说今后如果再接触农药等化学物品还会引起复发，他担心回家后不能种田。

这仅仅是农民工遭受职业病伤害的冰山一角。全国工作环境有害的工厂多达 1600 多万家，而在这些环境下工作的大多为农民工。他们往往在没有任何保护的情况下在有害健康的环境下长期工作着。

2006 年，卫生部一位领导在中国企业社会责任国际论坛上说，我国企业职工的健康保护存在突出问题，职业病的发病人数和因职业病而死亡的人数都居世界前列。据有关部门统计，我国现有约 1600 万家企业存在着有毒有害作业场所，受不同程度职业病危害的职工总数约 2 亿人。出现这些问题与政府部门执法不严、监督不力，有些企业生产水平不高、技术设备落后等有关，但更重要的是有些企业法制观念淡薄，社会责任感不强，缺乏维护职工健康的强烈意识。

通过近几年职业病专项整治行动的开展，中国卫生部门目前基本掌握了全国职业病危害重点人群的情况。据统计，目前全国涉及有毒有害品企业超过 1600 万家，接触职业病危害因素的人数超过 2 亿人。据《工人日报》报道，近年中国职业病发病居高不下，接触职业病危害因素人群居世界首位，从煤炭、化工等传统工业，到计算机、医药等新兴产业以及第三产业，目前都存在一定的职业病危害，职业病防治工作涉及 30 多个行业。

我们国家的职业病防治法早在 2002 年 5 月就已经生效实施了。按照这部法律的要求，任何有害健康的工作环境必须采取有效的职业保护措施。各级政府有责任监督生产企业采取有效措施，保护农民工不受职业病伤害。但遗憾的是，有调查显示百分之六十以上工作环境有害的企业，没有采取相应的保护农民工的措施。

在预防职业病方面，卫生部门有关专家这样出主意：劳动者要学会利用权力保证自己所在工作环境不受职业病危害。看看所在企业是否能保证工作场所符合职业卫生标准和卫生要求。如对产生职业病危害因素的工作场所配备防护设施，治理职业病危害；对作业场所的危害进行评价、控制与管理；配备必要的防护设施和用品；劳动者上岗前、连续的职业健康检查；发生或者可能发生紧急健康危害事故时的应急健康检查等。对于那些被称为"隐形杀手"的职业多发病，专家们建议处于职业多发病"高危区"的出租车司机、教师、办公室族、记者等多进行一些体育锻炼，合理饮食，改善生活规律，并定期到正规医院进行体检或者咨询。

3. 规范穿戴防护用品，保护自己不受伤害

劳动防护用品管理的重点是农民工正确穿、戴、使用。单位、项目部要明确规定每种劳动防护用品的正确穿、戴、使用方法，加强农民工教育，确保农民工正确使用，服从管理，以保障安全和健康。

安全是个永不过时的话题。安全，就像空气，与我们的生活、工作息息相关；安全，犹如阳光，我们无法承受失去它的痛苦。安全，它联系着我们每一个人。安全生产的关键是如何防止工伤事故的发生。对于如何做好安全生产，防止工伤，不同的企业，有不同的方法。做好安全防范工作可以使企业避免不必要的损失和浪费，更重要的是能保证自己的生命安全。

新塘某企业工人李某，在上班中没有按照要求佩戴安全帽，险些丧生。当天，李某去施工现场工作，由于没有注意路面状况，脚下一滑，头部摔在旁边的钢板上，顿时鲜血直流。由于李某没有按要求佩戴安全帽，只是往头上随便一扣，安全帽在李某摔倒的一刹那掉落在地上，没有起到防护作用。工友急忙把李某送进医院抢救，住了60多天院，李某万万没想到自己因贪图省事头部受到如此创伤，险些丧命。而该企业的申某，一直按企业要求，在上班施工时都戴安全帽。救了自己一命。当天下午正当申某将一重物挂好钩，行车缓缓起吊开始运转时，由于行车启动运转的惯性，所吊的重物前后摇晃，正好从申某的头上一擦而过，申某顿时觉得头蒙了一下，但是随即好了，当他摘下安全帽时，安全帽已经裂开了。如果申某没戴安全帽，后果将不堪设想。

同样是发生了意外，但是如果重视自我防护，危险就会离自己远一点。分析生产中的意外事故，更多的伤害是因为自己不重视自我防护，为了一时省事不穿防护服，为了一时舒服不戴安全帽，为了提前下班不系安全带等，这些人与其说是敷衍工作，不如说是敷衍生命。所以，农民工一定要严格按规定正确使用劳动防护用品，养成自防自护的好习惯。

劳动防护用品是指保护劳动者在生产过程中的人身安全与健康所必备的一种防御性装备，对于减少职业危害起着相当重要的作用。农民工在生产劳动过程中，可能因为作业环境条件异常，或者设备存在缺陷或者隐患，或者因为突发情况，难免会造成这样或那样的职业危害。《安全生产法》规定："生产经营单位必须为从业人员提供符合国家标准或者行业标准的劳动防护用品，并监督、教育从业人员按照使用规则佩戴、使用。"所以，劳动者在作业时，正确佩戴和使用劳动防护用品，既是自己的合法权利，也是一种规章规定，还是搞好生产的第一道安全屏障。

"神舟"飞船副总指挥秦文波在他的母校——南京航空航天大学演讲时，有人问了这样一个问题："'神五'飞天前，杨利伟与国家领导人告别时，隔着巨大的玻璃门对话，航天员的身体真的这么娇贵吗？"

这位副总指挥回答道："把航天员隔离起来，是为了避免航天员和外界细菌接触。”

但还是有人对航天员这样严密的保护措施感到不解：航天员都是万里挑一的人，对身体条件要求非常严格，他的身体肯定很棒，一般的小细菌能怎么样呢？

秦文波解释说：“其实在航天员进入现场后，所有的工作人员都要求，和航天员接触时必须穿隔离服、戴口罩和手套，当时我也不理解：‘航天员的身体那么棒，没有必要如此害怕小细菌吧！’”

后来他才知道，采取这些措施并不是因为航天员身体条件差，而是在保护人类的安全。如果有一种细菌被航天员带到太空，细菌会在失重的条件下产生某种异变；如果航天员回来时带着这种变异的细菌，将会给人类带来不堪设想的严重后果！

我国为防止生产过程中工伤事故和职业危害的发生，要求一些劳动者必须使用劳动防护用品。劳动防护用品按照防护部位分为以下10类：

①安全帽类。是用于保护头部，防撞击、挤压伤害的护具。按材质分主要有塑料、橡胶、玻璃、胶纸、防寒和竹藤、布料/塑料等。

②呼吸护具类。是预防尘肺和职业病的重要护品。按用途分为防尘、防毒、供氧三类，按作用原理分为过滤式、隔绝式两类。呼吸防护系列产品有：活性炭口罩、医用纱口罩、无纺布口罩等。

③眼防护具。用以保护作业人员的眼睛、面部，防止外来伤害。分为焊接用眼防护具、炉窑用眼护具、防冲击眼护具、微波防护具、激光防护镜以及防X射线、防化学、防尘等眼护具。

④听力护具。长期在90dB(A)以上或短时在115dB(A)以上环境中工作时应使用听力护具。听力护具有耳塞、耳罩和帽盔三类。听力保护系列产品有：低压发泡型带线耳塞、宝塔型带线耳塞、圣诞树型带线耳塞、防护耳罩等。

⑤防护鞋。用于保护足部免受伤害。目前主要产品有防砸、绝缘、防静电、耐酸碱、耐油、防滑鞋等。

⑥防护手套。用于手部保护，主要有耐酸碱手套、电工绝缘手套、电焊手套、防X射线手套、石棉手套等。

⑦防护服。用于保护职工免受劳动环境中的物理、化学因素的伤害。防护服分为特殊防护服和一般作业服两类。

⑧防坠落具。用于防止坠落事故发生。主要有安全带、安全绳和安全网。

⑨护肤用品。用于外露皮肤的保护。分为护肤膏和洗涤剂。

⑩面罩面屏。用于保护脸部的保护。有防护屏、防护面屏、ADF焊接头盔等。

个人劳动防护用品是保护作业人员安全健康的一项预防性辅助措施，单位必须免费为作业人员提供符合国家规定的劳动防护用品。依据劳动防护用品发放标准和劳动保护具体要求申请购买劳动防护用品。特种劳动防护用品必须到定点经营的单位或企业进行采购。购买的特种劳动防护用品必须具有安全生产许可证、产品合格证、安全鉴定证。加强对保护用品领用、发放管理，建立保管使用等台账，并按照产品说明书要求，及时更换、报废过期和失效的劳动防护用品。劳动防护用品使用前应进行检查。检查产品有无合格标志、有无产品使用说明；检查外观和结构情况，检查部件是否齐全完整，有无损伤，是否符合要求，发现异常应及时调换或停止使用。同时应按要求做定期检查或检测。

4. 女农民工要注意“五期”安全，保护自身健康

在日常安全中，女性的身体结构和生理机能特点以及生育子女的特殊需要，在劳动安全卫生方面需要采取不同于男子的劳动保护。女职工

的特殊劳动保护，体现了人类的文明和社会的发展进步。社会公平和人的权利得到充分保护是社会进步与发展的重要标志。对于女职工进行特殊的劳动保护，有利于实现劳动者在劳动领域内的实质公平，有利于女职工正当权利的保护。女职工的特殊劳动保护，具体体现在女职工的“五期”保护，这是对女职工的安全健康实施全面保护。它分为：

(1)女职工月经期保护

女职工月经期间，除了不安排其参加禁忌的工作外，对女职工集中的单位，要建立有冲洗设备的女工卫生室，尤其是从事巡回操作和长时间站立作业的女职工，更需要设立卫生室及冲洗设备。《工业企业设计卫生标准》第七十四条规定：“最大班女工在100人以上的工业企业，应设女工卫生室，且不得与其他室合并设置。”“女工卫生室由等候间和处理间组成。等候间应设洗手设备及洗涤池。处理间应设置水箱及冲洗器。冲洗器的数量应根据设计数据来确定。按最大班女工人数，100～200名时，应设一具，大于200名时，每增200名时，增设一具。”“最大数量女工在100名以下至40名以上的工业企业，亦本着勤俭节约的原则，设置简易温水箱及冲洗器，对流动分散的工作，单位可发给女职工单人自用外阴冲洗器。”

(2)女职工孕期保护

女职工在孕期的特殊劳动保护在《劳动法》和《女职工劳动保护规定》中都有明确规定。

①女职工在孕期不得降低其基本工资，或解除劳动合同。

②女职工在孕期禁忌从事作业场所空气中铅及其化合物，汞及其化合物，苯、镉、铍、砷、氰化物、一氧化碳、二硫化碳、氯、乙内酰胺，氯丁二烯、氯乙烯、环氧乙烷、苯胺、甲醛等有毒物质超过国家卫生标准的作业，制约行业中从事抗癌药物及乙烯雌酚生产的作业；作业场所放射性物质超过《放射防护规定》中规定的剂量的作业，人力进行的土方和石方作业；《体力劳动强度分级》国家标准中第三级体力劳动强度的作业；伴有全身强烈振动的作业，如风钻、捣固机、锻造等作业，以及拖拉机驾驶等；工作中需要频繁弯腰、攀高、下蹲的作业，如焊接作业等；国家标准《高处作业分级》中规定的一级高处作业，即凡在高度基准面2米(含2米)以上有可

能坠落的高处进行的作业。

③女职工在孕期不得加班加点，怀孕 7 个月后，不得上夜班，对不能胜任原岗位劳动的，应根据医务部门的证明，予以减轻劳动量或调换岗位安排适宜的劳动。对怀孕 7 个月以上的女职工，企业应设工间休息室，在劳动时间内安排一定休息时间，并允许怀孕的女职工在预产期前休息两周。《女职工劳动保护规定》还规定，怀孕女职工产前检查，应当算作劳动时间。

(3)女职工产期保护

生育分娩是妇女正常的生理过程，但它给产妇在精神上和肉体上带来了紧张、劳累和疼痛。怀孕后生理机能所产生的变化需要在产后逐渐恢复到怀孕前的健康状态，分娩时的体能消耗也需要休息和补充营养。因此，生育期的保护对女职工来说不仅必要，而且重要。《劳动法》和其他劳动保护法律、法规，都对女职工生育期的保护作了明确规定。女职工生育享受不少于 90 天的产假（《劳动法》第六十二条）。难产的，增加产假 15 天。女职工怀孕不满 4 个月流产时，应当根据医务部门的意见，给予 15 天至 30 天的产假，怀孕满 4 个月以上流产时给予 42 天产假，产假期间，工资照发。

(4)女职工哺乳期保护

女职工在哺乳期享有的特殊劳动保护，国家在《劳动法》和《女职工劳动保护规定》中已做了明确规定，主要有：

①有不满 1 周岁婴儿的女职工，在每班劳动时间内应享受有两次哺乳(含人工喂养)时间，每次 30 分钟，多胞胎生育的每多一个婴儿每次哺乳时间增加 30 分钟。女职工每班劳动时间内的两次哺乳时间，可以合并使用，哺乳时间和在本单位内哺乳往返途中的时间，算作劳动时间。

②女职工在哺乳期内，不得从事夜班劳动和加班加点的劳动，不得从事国家规定和第三级体力劳动强度的劳动和哺乳期禁忌从事的劳动。

③女职工哺乳婴儿满一周岁后，如果婴儿身体特别虚弱的，可经医务部门证明，根据具体情况，适当延长哺乳期。哺乳期满时正值夏季的，哺乳期可以延长 1 个月至 2 个月。

(5)女职工更年期保护

根据《女职工保健工作规定》(卫女发[1993]第11号)的精神，凡进入更年期的女职工，应得到社会广泛关注，向她们宣传更年期生理卫生知识。经县(区)以上(含县、区)的医疗或妇幼保健机构诊断为更年期综合征者，经治疗效果不明显的，且不适应原工作的，应暂时安排适宜的工作。各单位每1～2年要对更年期女职工进行一次妇科疾病的查治。

5. 规范用药安全，培养健康生活习惯

药品作为一种特殊的商品，直接关系农民工的健康与安全。在当前，农民工规范用药安全的问题，显然还没有引起应有的重视。有调查资料披露，农民工们60%以上存在不同程度的健康问题，其中胃病、关节炎、腰椎间盘突出等占很大比例，达到43%。这样的数据，以及长期营养不良、饮食无规律、过度劳累等生活状态，足以说明农民工是比一般市民更需要关注与关怀的特殊群体。与此形成鲜明反差的是，农民工的就医状况却比城镇居民严峻得多。由于正规医疗单位收费较高难以承受，再加上时间紧张，不少农民工生病后除了在小诊所看些简易门诊，就只有自己自己买些药品了。这就给医疗安全埋下隐患。

安全合理用药主要是指：根据病情、病人体质和药物的全面情况适当选择药物、真正做到“对症下药”，同时以适当的方法、适当的剂量、适当的时间准确用药。注意药品的禁忌、不良反应、相互作用等。对于农民工来说，该如何主动去认识药品，安全合理地用药呢？综合说来，不外乎三个方面：一是科学的用药习惯；二是科学的医疗保健习惯；三是更加注重学习用药和保健知识，理性选择就诊和用药。

根据药品品种、规格、适应症、剂量及给药途径不同,我国对药品分别按处方药和非处方药进行管理。处方药必须凭执业医师或执业助理医师处方才可调配、购买和使用;非处方药不需要凭执业医师或执业助理医师处方即可自行判断、购买和使用。简称 OTC 药。

农民工要正确地选择和使用药品。首先,购买 OTC 药时,患者要明确自己是什么病症,应选用哪种药,再去药店购买,否则应去医生处就诊,开处方。比如同样是患胃病,是胃炎、胃溃疡还是消化不良?不同原因的胃痛,用药就不一样,如果自己不能确定是哪种病症,就应该先去医院诊断。其次,购买药品是要看药盒上的药名及所写的适应症,必须详细阅读所购药品的说明书。说明书是用来了解所购药物是否可以治疗自己的病症,同时弄清药物可能产生哪些不良反应;看自己是否有用药禁忌症。几乎所有的药品都有不良反应,但并不是每个用药者都会发生,所以不要"因噎废食",该用药时,当用药,同时也必须注意有无不良反应。发生了不良反应,应及时去医院就诊。同时应该上报发生的药品不良反应。最后,要明确药物服用的方法、剂量。一定要按说明书的用法和用量使用,不要随便更改,用量过大可出现不良反应甚至中毒,用量过小则无法发挥药物疗效。

另外,提醒农民工要检查药品包装有无破损;要保留购药的凭证,记住药店的地址、电话,有问题便于查询。很重要的一项,要看药品批准文号,我国所有的药品都有药品批准文号,没有批准文号的药品是假药。

农民工在用药上不要滥用药品。从农民工的实际情况上来看,由于受到认知水平的限制,我们应注意积累自己的用药常识,留意自己、家族的药物过敏史、不良反应发生情况,这样在就诊时就能够给医生提供必要的信息,避免重复发生用药的损害,给自己造成不必要的负担和伤害。

药品可以用来治疗疾病,但一定不可滥用药物,尤其不可滥用安定类药物、抗生素类药物以及解热镇痛药。比如现在工作生活的压力很大,很多人有失眠的情况,因此服用安定类药物的人较多。但安定类药物长时期服用,可导致人们对药物的依赖性和耐受性,用药量越来越大,也越来越离不开它,严重时可以成瘾,因此一定要避免长期服用安定类药物,要用良好的生活习惯和心理调节来调整睡眠。

再如临床上滥用抗生素的情况，在国内外都相当普遍，在美国每天的处方中，有1.5亿张是抗生素，有关专家认为其中有50%是不必要的，在我国这种情况更为严重。抗生素是处方药。必须经医师诊治后对症选用。不明确病情，未经诊断，胡乱应用抗生素类药物，不仅不能起到治疗作用，反而会引起一些不良反应，应警惕。抗生素使用不当，常常造成不必要的经济浪费，出现不应有的不良反应，有些还很严重，如头孢菌素类、青霉素的过敏反应，链霉素、庆大霉素对耳、肾的毒性，红霉素对肝脏的毒性等，此外，还可能促使细菌产生耐药性，也有可能造成并发症增多。当然，合理的用药是必需的，但有时病人只是患了由病毒感染引起的伤风感冒，抗生素对病毒根本无效，用点抗感冒药就可以了，而不必常规使用抗生素。

第十章

警惕身边危险，系好日常生活的安全绳

1. 注意饮食安全,小心病从口入

民以食为天,食物是每个人每天不可或缺的基本物质,既能给人享受口福,又可保障人生存的营养和能量。但是,在现实中作为弱势群体的农民工,健康和利益却往往成为城市化进程中的牺牲品。食品安全,对生活在最底层的许多农民工来说似乎那么遥不可及。有人说,民工食堂的标准就应该用"食品黑窝点"的标准来衡量,这个说法或许有些极端和片面,但却也能在一定程度上反映问题的严重性。有关人士说,农民工的食品卫生状况堪忧。一方面,由于经济收入和购买力有限,农民工对食品价格相当敏感,加上维权意识差,流动性大,常常成为毒粉丝、毒油、假酒、病死猪肉和劣质奶粉等的受害者。另一方面,由于缺乏法制观念,少数农民工也成了生产伪劣食品的主体,害人害己。在一些地方的粮油批发市场甚至出现低价的"民工米",这些专门给民工吃的大米是国家明令禁止流通和食用的陈化粮,存在大量的致癌物——黄曲霉菌。这就是一些农民工就餐环境的真实写照。对此,我们农民工要提高自身维权意识和食品卫生常识,保护自身安全。

一次,某市卫生防疫站的执法人员,对市区部分建筑工地食堂以及城乡结合部马路市场的食品安全进行了检查,发现一家建筑公司简陋的工地食堂,门大敞着,室内卫生脏乱差让人触目惊心,只见苍蝇飞舞,生熟容器不分,随意混放在一起,有的干脆就堆在地上。室内没有任何防蚊、防蝇措施,公用餐具使用前不消毒。一个消毒柜在这儿成了摆设，里面盛放着剩菜、剩饭。堆在角落的大麻袋里，盛放着黑乎乎、已经结块儿的未加碘粗盐。食堂采购的馒头也未按规定索取生产厂家的卫生许可证。食品原料储藏间内，竟挂有工人的衣服、鞋等杂物。食品从业人员未穿戴工作衣帽，其中两人拿不出健康证。该食堂没有按规定悬挂卫生许可证，负责人也不能当场拿出卫生许可证。当询问正在取饭的民工们，对食堂的卫生情况是否满意时，一个个灰头土脸、一脸憨厚的民工竟说出了同一答案："嗯，挺满意的，我们在许多工地干过，有很多还不如这儿呢！不过，这里（饭菜）的价格太高，你们一定要反映反映！"他们对于食品安全的麻木与对价格的敏感形成巨大反差，让执法人员和媒体记者均感到意外。

食品卫生无小事。然而，农民工这一群体有以下特点：群体数量较多，群居生活，劳动强度大，流动性大，卫生、生活环境较差，岗位脏苦累、没有医疗保障、食品卫生知识匮乏等，这些使他们成为传染病、食物中毒最易爆发的一个群体。一旦患病，对他们来说，不仅会威胁到个人的健康和生命，还会因此背上沉重的经济负担，影响整个家庭生活。因此，农民工日常生活中要注意饮食卫生，养成良好的饮食习惯。不随意购买、食用街头小摊贩出售的劣质食品、饮料。这些劣质食品、饮料往往卫生质量不合格，食用、饮用会危害健康，甚至中毒。

在现实中，食物中毒、传染病等正威胁并随时有可能吞噬农民工的健康。不随便吃野菜、野果。野菜、野果的种类很多，其中有的含有对人体有害的毒素，缺乏经验的人很难辨别清楚。只有不随便吃野菜、野果，才能避免中毒，确保安全。此外，掌握安全饮食的方法以及食物中毒的禁忌救治是十分必要的。一旦有人出现上吐、下泻、腹痛等食物中毒症状时，千万不要惊慌失措，应冷静地分析发病的原因，针对引起中毒的食物以及吃下去的时间长短，及时采取如下应急措施。

①催吐：如果有毒事物吃下去的时间在 2 小时以内，可以用催吐的方法。取食盐 20 克，加开水 200 毫升，冷却后一次喝下。如果不吐，再喝两

次，直至呕吐为止。取生姜100克，捣碎取汁，用200毫升温水冲服，也是催吐方法之一。如果吃下去的是荤食，可服用十滴水来促使迅速呕吐。此外，还可用手指等刺激咽喉引吐。

②导泻：如果吃下去的中毒食物时间较长，已超过2小时，但精神较好，则可服用泻药，促使中毒食物尽快排出体外。一般用大黄30克，一次煎服；老年患者可选用元明粉20克，用开水冲服，即可缓泻。老年体质较好者，也可采用番泻叶15克，一次煎服，或用开水冲服，也可导泻。

③利尿：大量饮水，稀释血中毒素浓度，并服用利尿药。

④解毒：如果是吃了变质的鱼、虾、蟹等引起的食物中毒，可取食醋100毫升，加水200毫升，稀释后一次服下。此外，还可采用紫苏30克、生甘草10克一次煎服。若是误食了变质的饮料或防腐剂，最好的急救方法是用牛奶或其他含蛋白质的饮料灌服。

病人经过急救，如症状未见好转或中毒较重，应尽快送医院治疗。

2. 时刻保护自己，预防“骗、盗、抢”

现在偷盗、抢、骗猖獗，最好的预防方法就是提高自己的防范意识。俗话说：“天上不会掉馅饼。”“天下没有免费的午餐。”世界上就没有平白无故落到眼前的钱财，一切财富都要靠自己的劳动来换取。这是避免上当受骗最根本的一条。如果怀着侥幸的心理，指望意外暴富的心态，就很可能被骗子利用，从而上当受骗。

民工李某没想到，好心帮人，却被人骗走了8200元存款，这可是她一年的工资啊！一天下午，李某在路上遇到一名衣着考究、风度翩翩的青年男子，该男子自称来自香港，前不久不幸遇到窃贼，自己的手机以及全部财物都被盗，如今身无分文，急需要帮助，他先找李某借用手机，李某见对方谈吐大方，知识渊博，迅速信任了对方，将手机借给对方，对方拨通了自称是香港那边朋友的电话，请对方汇款帮助渡过难关。随后，他又找李某借银行卡，帮助接受汇款。到了银行，该男子要求李某先查询一下银行卡中余额，以便确认汇款金额。李某没想到，该男子居然趁机记下了她的银行卡密码，当她将卡借给对方使用时，对方就势转走了她卡内的8200元存款。

还有这样一个案例：有一妇女手提包被偷，里面有手机、银行卡、钱包等。20分钟后，她打通了老公的电话，告诉自己被偷的事。老公惊呼："啊，我刚才收到你的短信，问咱家银行卡的密码，我立马就回了！"他们赶到银行时，被告知里面所有的钱都已被提走。小偷通过用偷来的手机发送短信给"亲爱的老公"而获取了密码，然后在短短20分钟内把钱取走了。

在生活中，"防人之心不可无"，遇到这样的求助，应仔细甄别对方身份，可邀约对方一同到就近的派出所，经警方确认证实后，再在不泄露本人隐私的情况下提供必要的帮助。我们农民工遇有拿不准的事，要请教长辈朋友，或报警，千万不要盲目从事。在日常生活中，要克服自己的好奇心。对陌生人、物、事不要轻易相信。因为每个人的知识都是有限的。不了解的东西很可能就会成为欺骗自己的东西。万一被骗后，不要因面子而强咽苦果，要果断向公安机关报案，以防追回财物，将骗子绳之以法，避免更多的人受骗。

生活中，我们还容易碰上盗窃事情。盗窃的人，俗称小偷。他们作案隐蔽，手脚灵活，常给我们的生活带来一些麻烦。警方分析，盗窃案件多发生在公共场所和居民区。居民区案发时间则多在夜间时段，后半夜尤为突出，集中在凌晨2时至5时，占69.4%；其次发案时段较集中的在下午2时至6时，占20.5%。窃贼采取撬门、溜门、技术开锁等方式从门侵入的占75%,采取翻窗、钓鱼等方式从窗侵入的占25%。为此,警方提醒市民,应积极配合小区保安管理人员的管理,自觉爱护小区内的各种防盗设施,出入公共防盗门要随手关门,不要将公共防盗门的钥匙借人,不随便为不认识的人开启防盗门。家居的各个门、窗、排气口、空调口要经常检查,窗、门损坏要及时更换,出入家门随手关锁门,门锁损坏或钥匙遗失要及时更换。安装小型家用报警设备,家中不存放大额现金,现金或金银首饰等小件贵重物品,临时存放应放在不引人注意的房间和一般人不放钱的部位,必要时在隐蔽处安装保险柜,并直接固定到墙体内。即使家中有人或临时外出散步也要将防盗门关好、锁牢,防止被人顺手牵羊。

2009年,某居民将5000元购买的笔记本电脑放在靠窗户的桌子上,窗户没锁就外出了,犯罪分子趁家中无人,从外面把窗户扒开,轻易将笔记本偷走。住在三楼的居民同样因未关窗,窃贼利用靠窗水管攀爬翻窗入室,盗走现金2200元、手机、笔记本电脑、手表、两千余元购物卡等。

2010年5月2日,一位女士在酒店吃饭时,放在服务台充电的手机被别人领走,价值达2500元。2012年4月12日,张女士在某商场购买衣服,在试衣服时顺手将自己携带的手提包挂在试衣间外的衣服陈列架上,当试完衣服拿包时,发现提包不见了,包内装有千余元现金、手机及其他物品,造成经济损失达3000多元。

因此,农民工无论外出还是居家,一定要妥善保管好自己的贵重物品,保持警惕,避免造成重大财产损失。防范盗窃行为有以下方法:在公共场所不要将钱物放在容易被挤着的部位,如裤子后袋或侧袋等,由于西装在挤车时容易被拉扯,内装口袋也不甚安全,正确的方法是应将钱物或皮夹放入内胸袋或皮包里;挤车时随时用手护住自己的前胸或挎包;在上厕所或就餐时,不能把钱物远离自己而另外搁置;如有数人围住自己,应提高警惕。在商场防拥挤在柜台前,由于顾客忙于观看商品而忘了保护自己的钱物。更不能在购物时而随手将皮夹丢于柜台的一侧；钱物不能放于裤子的口袋或侧袋，以防小偷乘拥挤时从后面下手；同样，手挎包也要放置在自己的前方，并随时给予照顾；任何时候要注意后面的动态，防止自己的挎包不被小偷划破。在公寓里不管走得怎样急和遇到什么情况，临走时都要把门锁好。别给小偷留下作案的机会。办公写字楼不要使办公室处于没人又开门的状态；放置钱物的抽屉锁上，并随身携带钥匙；不要放置大宗现金在办公室过夜；对可疑人物的进出要小心，并随时注意防范，必要时要询问。

在日常生活中，抢劫是恶性暴力事件中较常见的一种。遇到这类事件，一定要正确应付。面对歹徒，因为不清楚对方的实力，所以切不可与其僵持、纠缠，正确的对策是利用一切可以利用的东西快速制敌，然后迅速逃离。警方提醒街头抢劫案件，嫌疑人多是趁受害人不备实施作案，如果能够注意加强自身防范，能够很大程度上防止受到侵害。万一发生抢劫事件，要尽量记下对象特征及时报警。

3. 拒绝毒品，莫拿性命当儿戏

毒品，已经成为当今人类社会的一大公害。由于“毒魔”对人类健康和生命的威胁已不亚于心脏病和癌症，所以人们把它称为21世纪的“超级杀手”。吸食毒品会诱发杀人抢劫、盗窃、诈骗、卖淫等大量违法犯罪案件。制止毒品泛滥，是各国人民的共同愿望和迫切要求。目前，日趋严重的毒品问题已成为全球性的灾难。毒品的泛滥直接危害人民的身心健康，并给经济发展和社会进步带来巨大的威胁。据联合国的统计表明，全世界每年毒品交易额达5000亿美元以上，毒品蔓延的范围已扩展到五大洲的 200 多个国家和地区,而且全世界吸食各种毒品的人数已高达 2 亿多,其中 17～35 周岁的青壮年占 78%。

民工阿牛(化名),正值"奔四"年龄,家住横县横州镇。十几年前,有人拿着白色的东西对他说:"吸一点这东西就不怕困了,像神仙一样,精神抖擞。"阿牛因为好奇,试了一口,结果又咳又吐。就这样,他走上了吸毒的不归路,父母离他而去,妻子与他离了婚,儿子也离开他和伯父生活了,家早已不成家,房屋破烂不堪。阿牛曾经想过戒毒,1995 年 3 月,他被带到南宁市罗文强制戒毒所强制戒毒,戒毒后回到家中拒绝不了诱惑又染上了毒品。1998 年,在家人的劝说下,他又到了横县马岭戒毒所戒毒,但最后还是没有用,他最终还是"离不开"毒品,由原来的吸食白粉发展到现在注射海洛因。直到后来,他的一只眼睛由于过量注射毒品导致血管爆裂被摘除了。据阿牛的邻居说,这条街已经有 3 个人因为吸毒死了,他们希望阿牛能改过自新远离毒品,像以前一样好好过日子。

毒品已成为现今困扰社会生活最大的祸患,多少人因这个仅次于军火而高于石油的世界第二大宗买卖失去了学习的机会、工作的能力,出卖了自己的良心,背弃了家人与朋友,甚至失去了活在世上的意义,更为严重的是有人就因这小小的药丸献上了年轻且无价的生命!有很多因吸毒或贩卖毒品的人们,就用他们一个又一个的曲折而惨痛的经历告诉我们,毒品的危害是多么的巨大。

吸毒不仅对人体与身心有一定的危害作用,还带给社会与家庭不少的伤痛。家庭中一旦出现了吸毒者,家便不成家了。吸毒者在自我毁灭的同时,也破坏自己的家庭,使家庭陷入经济破产、亲属离散、甚至家破人亡的困难境地!

吸毒也称为药物滥用。吸毒人员使用的毒品指以各种方式吸进人体的、有依赖潜力并最终危害人体的物质。如海洛因、吗啡、甲基苯丙胺(冰毒)、大麻、可卡因及国务院规定管制的其他能使人形成瘾癖的麻醉药品和精神药品。

吸毒能造成人体的多种病变。例如，注射毒品会引发皮疹、皮炎，严重者会引起皮肤溃烂，甚至体无完肤。吸毒会造成心悸、心动过速，血压过低，消化系统紊乱，男性功能减退、阳痿、不育，女性月经失调，还会造成精神失常。尤其是在毒瘾发作时，极易发生自伤、自残或意外事故。长期吸毒者面容枯槁，形销骨立，身体极度衰弱，容易引发严重的疾病而死亡。

吸毒与犯罪是一对孪生兄弟。吸毒引发社会犯罪的增加。一方面是吸毒者成瘾后，摆脱不了毒瘾的煎熬，为了满足毒瘾，铤而走险，进行偷扒抢窃，贪污、卖淫，甚至杀人的犯罪活动；另一方面是贩毒分子疯狂的报复、恐吓、暗杀等活动，严重威胁人民生命财产安全，扰乱社会秩序。吸毒损害本人健康，造成乙型肝炎、丙型肝炎、性病的传播等公共卫生问题，其中最严重的是艾滋病的感染和传播。随着吸毒现象的蔓延，艾滋病感染者在我国成倍增长。1994 年比 1993 年增加 1 倍，1995 年是 1994 年的 3 倍，1996 年比 1995 年增加了 66%，1997 年比 1996 年增加了 76%，至 1998 年 12 月，全国 31 个省、自治区、直辖市都报告了艾滋病病毒感染者。截至 2005 年年底，我国有艾滋病病毒感染者和病人约 65 万人，其中艾滋病病人约 7.5 万人。2005 年，我国新发生艾滋病感染约 7 万人，因艾滋病死亡约 2.5 万人。2007 年，北京登记在册的吸毒人员达 1.2 万人，一年用于吸毒的金钱达 52 亿元。吸毒不仅大量挥霍金钱，还使艾滋病的流行趋势愈加严峻。有专家预计，如果不采取有效措施，用不了多少年，感染者可能过千万人。到那时，“东亚病夫”的耻辱将重新降临到国人的头上。因此，禁绝毒品，功在当代，利在千秋。现在能否把贩毒、吸毒问题解决掉，关乎中华民族的兴衰。

4.

防范艾滋病,避免不安全的性行为

根据一项建筑业农民工调查结果显示,建筑业农民工群体以中青年为主,其中 20 岁到 40 岁这个人群占整个建筑业农民工的 80%多。这个群体文化素质相对较低,初中及初中以下的人占 80%多。对防治艾滋病知识知晓率是最低的,发生不安全的性行为比率较高。

艾滋病,即获得性免疫缺陷综合征,是人类因为感染人类免疫缺陷病毒后导致免疫缺陷,并引发一系列机会性感染及肿瘤,严重者可导致死亡的综合征。目前,艾滋病已成为严重威胁世界人民健康的公共卫生问题。虽然目前艾滋病是一种可控的慢性传染病,但在我国仍有较高的死亡率和致残率,患者也承受着很多痛苦和压力。目前传播途径以性行为为主,因此,农民工应避免不安全性行为。

在生活中,作为成年人的公民,无论是男性还是女性,如果其性生理需求不能有效地解决,得不到满足,人就会变得焦虑、烦躁、脾气倔,就会寻机发泄以满足生理方面的需要;同时也会危害社会,侵害其他公民的合法权利,导致犯罪行为的发生,这是需要有关部门认真对待加以解决的。解决公民的性压抑,同时也就是保护公民的性安全不受侵犯。所以,关心农民工,一是要关心其人身安全,二是关心其劳动报酬,三是要关心其身心健康。

据报载,在东莞工作、生活的外来工,其中约有 100 多万是已婚育龄人口。日前,一份调查表明,仅有 46%的外来工夫妇能在东莞筑起“爱巢”,大部分人只能像“牛郎织女”一样偷偷摸摸过性生活。能够租得起房子的人只占 46%,44.1%的人只能住集体宿舍或者和老乡、朋友共租一间房。36.4%的人只能选择过年过节回老家团聚,22.6%的人表示老乡、亲友在本地租房或有自己的房子,偶尔去那里团聚一下,7.9%的人在相思难耐时，只好叫同屋的回避，或者趁同屋出门时“偷偷摸摸”行事。还有33.1%的人只得无奈地选择尽量少过夫妻生活。合法夫妻却要偷偷过性生活，这种状况令人堪忧，如有的只好找“小姐”嫖娼解决性压抑。而众多的发廊小姐中，不乏卖淫者，这为众多男性外来工提供了解决性发泄的场所，但是这毕竟是违法之举，并且易于使外来工染上性病。

农民工刘亮（化名）是淮安来宁的打工者，在工地上做苦力。他独自在外，闲下来也没什么消遣，就是和工友们一起喝喝酒。一个多月前，刘亮酒后，被路边一女子以认老乡为借口拉住了，而后，刘亮便和那女子发生了关系。但是，发生这事后没多久，刘亮便感到小便疼痛，尿道还有分泌物，他很是担心，便悄悄地到一民营医院就诊，医生检查后告诉他，他患上了淋菌性尿道炎，必须赶快治疗。后悔不已的刘亮只能乖乖接受治疗，每次，他都要花600元左右挂水，花光了所有的钱后，他的病还是没好。后来，刘亮来到了省疾病预防控制中心皮肤病性病门诊部，医生检查发现，刘亮的病其实早就好了，他感觉不舒服只是心理原因。面对这样的结果，刘亮哭笑不得，他告诉医生，他辛辛苦苦一年的收入也就四五千元，但是，看个性病却花去了六七千，回家都不知道怎么跟老婆交代。

农民工陈军也是在一建筑工地打工，36岁的他正当壮年，但是老婆却常年在家，他半年都没机会回趟家，经不住外界的引诱，有一次，陈军花了10元钱与一“路边女”发生了关系，从此便一发不可收拾。虽然生理需求得到了解决，但是，陈军却发现身体出现了不适，深受尿频、尿急、尿痛折磨的他干活都没有劲，但羞于启齿，他自己到药店买了点药吃，谁知后来，他的生殖器上又长出了东西，没有办法之下，他根据广告找到了一家医院，但结果是花了三四千元没有任何好转，当他到省疾病预防控制中心皮肤病性病门诊部就诊时，他们全部“家当”只有80元，该门诊不得不为他减免治疗。

农民工是艾滋病防治的重点人群之一，这是根据农民工的特点做出的判断。农民工有自己的特点：第一，数量庞大，流动性强，以中青年为主，他们生活比较集中。第二，他们工作强度大，日常生活很枯燥、乏味。这些因素都成为他们发生不安全性行为的条件、环境。因此，对农民工进行预防艾滋病的宣传教育是非常有必要的。

5. 保护自我，小心网络陷阱

互联网带给我们的不仅仅是缤纷的虚拟世界，还有各种形形色色的陷阱。如果你对此没有足够的警惕性，那么也有可能在不知不觉间滑入一个“网络陷阱”，可能面临的却是实实在在的损失。

前不久，市民王某在家中上网，突然一亲戚的头像闪动起来，他点开一看，是亲戚在向自己求助。因为做生意周转困难，亲戚向王某借钱2万元。起初，王某还将信将疑，后来亲戚启动了视频，王某在视频里看到确实是亲戚在网络对面，便不再怀疑，立即按指示通过银行转账了2万元到对方的指定账户。转账成功后，王某致电亲戚确认钱是否收到，才得知这位亲戚根本没借过钱，QQ号是被人盗用的，而视频则是在盗用QQ号时就制好的截图。

我们农民工要小心网络陷阱，在遇到亲友借钱时，不可轻信网络，一定要通过其他方式确认对方身份才可提供帮助。同时，警方提醒，夏季炎热，市民不愿出门，网上购物增多，被骗的概率相应增加，网上购物时，一定要甄别网站的真伪，确保使用第三方支付平台，如有可能，采取货到付款方式最可靠。

任何事物都是有好必有坏处的，网络的双刃剑作用也是如此。随着信息技术在全球的发展与应用，世界正变得更“平”、更“小”，与此同时，身处其中的农民工却面临着各种严峻的网络安全挑战。以下是一些常见的网络陷阱，我们农民工要小心提防。

(1)网络诈骗陷阱

①利用网上拍卖进行诈骗。行骗者使用假身份证在各大网站商品拍卖平台注册，提供虚假供货信息，或以极低的价格引诱网民，交易成功后，欺骗被害人将钱汇入指定的银行账号，却不邮寄货物或邮寄不符合要求的商品。

②在网上发布虚假信息进行诈骗。行骗者通过发布“出售高考、四六级考试题”等虚假信息诈骗钱财。

③通过网上聊天进行诈骗。行骗者利用网上聊天结识网友，骗取信任后，伺机骗财骗色。

④假借网络购物、网络招工、网络婚介等骗取钱财。

(2)网上财物陷阱

随着电子商务的兴起，网上购物以其方便快捷、价格低廉的优点日益受到人们的青睐。但是，一些行骗者也利用计算机网络设置购物陷阱，如发布虚假广告、售卖伪劣商品等，使不少消费者上当受骗。因此消费者对网上购物要保持高度的警惕。应对办法有：

①应选择访问量较高、口碑好、诚信度高的网站购物。要尽可能对售货网站的合法性进行核实，了解网站有无通信管理局核发的 ICP 证或经工商部门认可的标志、公司具体地址、固定电话号码等基本情况，只留联系手机号码的网站不可轻信，并尽量采用货到付款、同城交易的方式。

②切莫泄露个人密码，同时应避免采用容易联想的密码，如电话号码和生日等。

③农民工购物前必须要知道卖家的固定电话及具体地址，必要时应打电话加以核实。对以公司名义进行交易活动，但却要求将钱款打入个

人账户的行为，尤其应当谨慎对待，千万不要贸然付款。

④不要轻易相信所谓的低价，若网上购买物品售价与市场价格差距大 要注意防止价格陷阱。

(3)网络色情陷阱

色情信息是网络上的毒瘤，它已成为诱发犯罪的重要因素。所以，农民工上网时应注意：

①寻找适当的网络反黄软件，最好是在电信骨干网上能够对色情信息做出根本性撞击的软件。

②发现网上色情违法犯罪行为，立即举报，努力营造健康的网络空间。

6. 遵守交通规则，出行多留心

生活中交通安全与我们农民工的关系是非常密切的，遵守交通规则是一个很重要的问题，我们不仅要把这句话挂在嘴边，还要落实到我们日常的实际生活当中。农民工属于出行较多的群体之一，平时的上下班、外出逛街、购物以及外出旅行都与交通安全密切相关，一旦疏忽就有可能发生意外交通事故，给自己造成伤害、给家人带来遗憾。所以，我们要牢固树立交通安全意识，时刻注意出行安全，严格遵守道路交通安全法规。

某日早晨7点左右，一位男子骑着本田王摩托车，和一辆自行车相撞了。按道理讲事情应该不是很严重，因为驾驶员及时踩了刹车。但因为摩托车驾驶员没戴安全帽，事情变得严重了。摩托车在急刹车后，驾驶员飞出3米多远，头着地，因为没戴安全帽，当场昏迷，被“120”接走急救了，幸运的是自行车的主人只是轻伤。

骑摩托车要戴安全帽，开汽车要系安全带，这是人所共知的常识，但还是有很多人忘记，到事故发生的时候已经晚了。一顶小小的“安全帽”，多一点安全防范意识，或许就能挽回很多生命，给家人少一些痛苦，给国家减少些损失。但就是一时的疏忽，带来的却是无法挽回的损失。

2007年3月1日上午8时许，湖南省驾驶人段某驾驶粤字头某牌号中型普通客车从湖南省茶陵县浣溪镇小汾村出发，车上搭载了11人开往深圳市。13时左右，段某与同车乘客在京珠高速公路郴州入口处的一家饭店吃午饭，喝了约三两酒。14时许，段某驾车上京珠高速公路往南行驶。这时天气突变，开始下雨，段某启动雨刮器，发现雨刮失灵，但段某并没有停下车，而是继续驾车行驶。当段某发现前方约5米处有因追尾事故而设置的反光锥时，向右转动方向盘，动作过大导致车辆失控，并将路旁的3名警察撞到路外排水沟，导致3人殉职。事后调查，段某行驶至出事路段时，车速仍保持在100公里/小时左右。

2009年7月，一辆大桥三线公交车在杨浦大桥浦西往浦东上引桥处，追尾撞上前车后进入逆向车道。司机由于不扣安全带“飞”出车外，导致失控的车子又与9辆车发生连环相撞，造成3人死亡20多人受伤。

2011年12月25日，王某驾驶超载的货车闯红灯，于某驾驶超载的货车且在驾驶过程中睡着，导致两车相撞，造成一死两伤。

2012年4月17日，萝岗区长安村广汕公路，一辆水泥搅拌车闯红灯，撞倒一名青年男子并从其身体上碾压过去，青年男子当场死亡。

生命，是上天赋予我们的无价之宝。每个人的生命都只有一次，所以生命是可贵的，我们应当时时刻刻珍视我们的生命。但当我们每天打开报纸时，都会看到一大堆触目惊心的交通事故。据统计，自 1886 年第一辆汽车问世至今，全世界已有 4000 余万人丧生于滚滚车轮之下，远远超过两次世界大战死亡的人数(2350 万人)，同时因车祸造成伤残的也多达 1.5 亿多人。现在地球上每一分钟就有 1 人死于车祸。随着我国经济社会的快速发展，人流、车流、物流猛增，交通事故接连不断，我国的交通事故高居世界第一，每年大致造成 10 万人死亡、50 万人受伤，经济损失 30 亿元。无数血淋淋的教训警示人们：要懂得交通法规，遵守交通规则，时时注意安全，要珍惜自己宝贵的生命！

安全重于一切，安全等于生命，安全是用金钱买不来的。在日常生活中，交通安全总是围绕在我们身边。只要你一出行，便同交通安全打上了交道。行走时的一次走神，过马路时的一次侥幸，开车时的一次违章，仅仅是一次小小的疏忽，这一切都会使一个生命转瞬即逝。如果我们不注意交通安全，就会使一条条生命流失。交通事故一旦发生，不仅造成个人损失，而且还会使他人的身体受到伤害。所以，我们要遵守交通规则，珍惜自己的生命。

7. 关注子女安全监护，预防生活危险

农民工家庭对子女的监护普遍缺失，这是农民工子女时常受到意外伤害，甚至成为不法分子侵害对象的首要原因。由于父母受教育程度普遍较低，许多农民工家庭疏于对子女进行自我保护、安全防范等相关知识的教育。同时，社会对外来农民工子女的关注度也不够，使得农民工子女

一旦面临伤害，就会处在无知、无援的境地。

2002年8月10日下午，四川省成都市锦江区一道路施工工地上演了一幕人间悲剧，一个仅两岁大的男童不慎坠入路中窨井身亡。出事的窨井附近还未铺成水泥路，而窨井井口仅有一块石头，不过这只挡住了井口约1/3的面积，井深5至6米，井里积了不少污水。死者名叫王健，其父王新成说，当时他带着小孩在离井几十米外的一个公用电话点打电话，等他打完电话后才发现孩子不见了。10多位好心人帮他四处寻找。10多分钟后，有人在窨井中发现了孩子。两年前孩子出世时妻子死去了，如今孩子也夭折了，这位朴实的农民汉子欲哭无泪。

打工的外来农民工很多都选择房租便宜的城乡结合部居住，而这些区域的公共安全设施很不完善，适合孩子出入的文化游艺场所也很匮乏，这使得缺少监护的农民工子女经常出没建筑工地和马路等比较危险的场所，极易导致不幸事件发生。

特别值得关注的就是进入暑假，孩子们离开了学校。但就在此时，安全却也成了一个重要的问题。尤其是那些跟随父母外出打工的农民工子女和父母外出打工自己留在家的孩子。离开学校之后，农民工子女和留守儿童们面临着“监护盲区”、“教育空白”、“缺乏心理沟通”、“生活拮据”等众多问题。

王苏菁是杭州五年级的小学生，4岁便随父母从安徽老家来到杭州。今年13岁的王苏菁转眼来到杭州已经快有10年的时间了。苏菁的爸爸在高庄电信公司上班，妈妈也曾在外打工，那段时间里的苏菁是孤独的，放学回到家总是一个人待着。就在不久前，苏菁的妈妈向房东租了一间仓库，经营起了小店生意，平日里与自己在一起的时间才逐渐增多。苏菁说，自己在新闻里看到过很多同龄人溺水的事情，甚至在自己的身边也有类似的事情发生过，让她受到了教育。那是一个周末，苏菁和4个小朋友相约出去玩耍。吃完晚饭，5人一起来到一个池塘边玩起了“瞎子摸人”的游戏。其中那个扮演“瞎子”的女孩被红领巾捂住了眼睛。游戏时，她脚底碰到了池塘边的一块石头，误以为是同伴，伸手去抓，结果一不小心掉进了池塘。好在池塘水不是很深，小伙伴并没有发生危险。自那以后，苏菁就很少去水边玩耍，也会劝告身边的小朋友别在水边玩危险的游戏。

朱晓萍是一个爱音乐、爱跳舞的河南小女孩。晓萍两岁的时候被父母带到杭州生活，妈妈以前在酒店里工作，现在经营了一家早餐店，爸爸买了挖掘机，在工地上干活。和其他小朋友一样，暑假里，晓萍做得最多的三件事就是写暑假作业、看书、出去玩儿。去年暑假的时候，表姐和表弟来家里玩，于是三人相约去河边抓螺蛳，比谁抓得多。最后表弟一个不小心掉进了河里，还好晓萍和表姐会游泳，及时救起了表弟。从此以后，懂事的晓萍每次外出都会告知父母玩耍的地点，会和比自己大的哥哥姐姐们一起出去，不会让父母担心。

农民工工作往往都相对比较忙，工作日几乎都没有时间照顾孩子。一般只有周末的时候，爸爸妈妈才有时间照顾孩子，平时都是孩子自己在家里或者出门和小伙伴一起玩耍。安全上，确实存在问题。留在老家的儿童监护情况也类似，照顾孩子的往往是祖辈。由于祖辈与孙辈年龄相差一般都在50岁左右。他们有的要干农活维持生活，同样没有时间照顾孩子；还有的体弱多病无能力监护孩子。因此，我们在日常生活中不但要自身学习安全知识，还要提高儿童对各类风险的认知，增强防范、逃生能力，只有这样才能共同确保安全。

此外，伴随着大量农民工涌入城市谋求生计，在农村随之产生了一个特殊的群体——农村留守儿童。留守儿童是指与父母双方或一方分离并留守在农村的少年儿童，是农村流动人口在户籍地以外谋生时把其未成年的子女留置在户籍地而产生的社会群体。

据全国妇联统计，全国留守儿童的人数约为5800万，其中14岁以下的留守儿童超过4000万。目前，留守儿童占全部农村儿童总数的28.29%，平均每四个农村儿童中就有一个多留守儿童。其中，0～5周岁农村留守幼儿约占全国农村同龄儿童的1/3，集中分布在中西部人口大省。又据中央教科所对“留守儿童”的调查表明，56.4%的“留守儿童”与留在家中的母亲或父亲生活在一起，隔代抚养的即与祖父母生活在一起的占到32.2%；4.1%的“留守儿童”和其亲戚生活在一起，0.9%的“留守儿童”寄养在别人家里。由于监护责任不落实，监护人缺乏防范意识，儿童防护能力弱，农村留守儿童容易受到意外伤害，甚至成为不法分子侵害的对象。

2008年7月湖南省涟源县遭遇一场特大洪灾，12名儿童死亡，其中11名是留守儿童；2009年11月，广西贺州鞭炮黑作坊爆炸，11名被哄骗来的留守儿童受伤；扶风县5名小学生相约自杀，其中4名是留守儿童。

要解决农村留守儿童的安全问题，绝非一朝一夕之功，需要全社会的关心和参与。首先应完善制度，明确责任，建立健全农村留守儿童的监护机制。因此，农村留守儿童监护的首要工作就是完善亲友代理监护，落实代理监护人的义务和责任，保障留守儿童的安全。父母在外出打工期间，应在孩子安全监护上与家人进行沟通，让在家的看护人留心对孩子的安全监护。

8. 警惕意外灾难，掌握自救方法

意外伤害是指外来的、突发的、非本意的、非疾病的使身体受到伤害的客观事件。生活中的各种意外伤害，都可能带来无法预料的灾难。当意外事故发生时，农民工应尽快拨打电话120、110呼叫急救车，或拨打当地担负急救任务医疗部门的电话。由于意外伤害一般都是突发事件，发生的现场没有医生，而专业人员到场需要时间。因此，我们农民工还要学习一些意外灾害事故的医疗急救技巧，争取自救和互救的时机。

1999年，南京市一位年轻的军医走在路上，被人行道旁边的树上落下的枯枝干砸中而夺去生命。2001年1月，济南市植物园里的石灯突然倒塌，一名游园的6岁儿童被击中致死。

2009年2月19日，北京西客站南广场一宾馆，客人李先生洗脸时水池突然掉落，李先生的右脚被砸伤，右足背皮肤裂伤、静脉损伤，缝合10多针。

2009年4月广州一名男子行至东圃镇黄村西路东圃公交车站附近时，突然不慎摔倒在站台上，之后倒地不起。120急救车赶到后证实该男子已经死亡。

2012年4月1日下午3点20分左右，北京北礼士路物华大厦东侧的便道地面突然塌陷，路人杨二敬坠入“热水坑”，全身99%被烫伤，经抢救无效死亡。

甚至在用餐时一脚踏空也会伤亡，在北京市的一家餐馆里就发生了这样一起诧异的意外事故：一位电视节目女主持人在“张生记”餐厅吃饭时，因接手机走出包间，推门进入消防通道，不料尚未完工的消防通道不仅没有灯，而且没有栏杆，她一步踏空之后从二楼摔到一楼，最终医治无效而身亡。

这些事例为广大农民工敲响了一记警钟——危险往往就在身边，意外伤害随时都存在。日常生活中的安全隐患很多，有时候意外忽然而至，让人防不胜防，感叹人的生命是脆弱的，有时候，一个极其偶然的事件，就可以轻而易举地剥夺人的生存，更不要说巨大的自然灾难，它完全是我们人无法控制的外在力量。灾难的发生对每个人来说，不分贫富贵贱、性别年龄，如果缺少应有的警惕，不懂起码的安全常识，那么，危险一旦降临，本可能逃离的厄运，都会在意料之外、客观之中发生了。因此，我们一定要有防范生活中危险的意识，才能真正保护我们的生命安全。

2011年3月11日13时46分，日本发生了9.0级的强烈地震，并且地震引发了大规模海啸也导致了核电站发生泄漏。在灾难发生后，大多数的日本民众镇定有序地进行了疏散。日本将9月1日定为全国防震日。这一天，全国各地都要统一进行防震教育和演习，包括最新地震动态和防震知识宣传，自救、互救、公救演习，以及如何包扎伤口、抢救伤员等知识性教育。幼儿园起就开始接受防灾常识及应急避险训练，有关自然灾害的教育是中小学的必修课。平时，中小学生同样会进行防震训练。

“天有不测风云，人有旦夕祸福。”有时候尽管我们做了种种的努力来预防灾难的发生，但总还是有预想不到的情况发生。地震、火山、洪涝、泥石流等自然灾害不可避免地降临在我们的身边，突发事故防不胜防与我们相遇，此时，我们是应该怪上天的不公、坐等着厄运的到来，还是应该相信人定胜天，努力逃离危险？我相信每个人面对危险，都不会平静地等着它带走我们的生命，这时候，就需要自救，自救是生命最后的屏障，有时候，放弃自救也就是放弃了生命。

灾害是可怕的，但比灾害更可怕的是无知，学习防灾减灾基本知识，提高逃生自救互救能力，我们完全可以像日本一样，能把灾害的损害减少到最低。我们经常组织各种应急疏散演练，目的就是增强大家在面对灾害时的自救互救和安全逃生本领。我们相信只要认真自觉地提高自救逃生能力，才能时时刻刻保护自己。

当然，自救不是一句空话，他需要我们掌握科学的自救知识，拥有顽强的自救意志。只有具有自救的意识，具有自救的知识，积极自救，才能在危急时刻化险为夷。下面是几种常见的基本自救逃生方法。

(1)火灾的自救逃生方法

一般情况下，绝大多数的火灾现场被困人员可以安全地疏散或自救逃生，脱离险境。因此，必须培养自救意识，不惊慌失措，冷静观察，采取可行的措施进行疏散自救。

①疏散时，如人员较多或能见度很差，应在熟悉疏散通道的人员带领下，迅速地撤离起火点。在带领人用绳子牵领、用“跟着我”的喊话或前后扯着衣襟的情况下可随疏散人员撤至室外或安全地点。

②在撤离火场途中被浓烟围困时，烟雾一般是向上流动，地面上的烟雾相对比较稀薄，因此可采用低姿势行走或匍匐穿过浓烟区的方法。如果有条件，可用湿毛巾等捂住嘴、鼻，或用短呼吸法，用鼻子呼吸，以便迅速撤出烟雾区。

③楼房的下层着火时，楼上的人不要惊慌失措，应根据现场的不同情况采取正确的自救措施。如果楼梯间只是充满烟雾，可采取低姿势手扶栏杆迅速而下；如果楼梯已被烟火封住但未坍塌，还有可能冲得出去时，则可向头部、上身淋些水，用浸湿的棉被、毯子等物体围在身上从烟火中冲过去；如果楼梯已被烧断、通道被堵死，可通过屋顶上的老虎窗、阳台、沿落水管等处逃生，或在固定的物体上(如窗框、水管等)拴绳子，然后手拉绳缓缓而下。如果上述措施行不通时，则应退居室内，关闭通往着火区的门窗，还可向门窗上浇水，延缓火势蔓延，并向窗外伸出衣物或抛出小物件发出求救信号或呼喊引起楼外人员注意，设法求救。在火势猛烈、时间来不及的情况下，如被困在二楼要跳楼时，可先往楼外地面上抛掷一些棉被等物，以增加缓冲，然后手拉着窗台或阳台往下滑，这样既可使双脚先着地，又能缩小高度；如果被困在三楼以上，则绝不能跳楼，可转移到其

他较安全地点，耐心等待救援。

(2)水灾中的自救逃生方法

①听从组织安排，进行防洪准备，或者撤退到安全地带，如防洪大坝上或地势较高的地区。如果已经受到洪水包围，要尽量利用船只、木排、门板、木床等做水上转移。

②为了防止洪水涌入屋内，要堵住大门下面所有的缝隙，最好在门槛外侧放上沙袋。如果洪水还会上涨，那么底层窗槛也要堆上沙袋。如果洪水不断地上涨，应在楼上储备一些食物、饮用水、保暖衣物以及烧开水的用具。

如果水灾严重，水位不断上涨，就必须自制逃生工具如床板、箱子及柜、门板等任何可以浮在水上的木质东西。如果一时找不到绳子，可以用床单、被单等撕开来代替。

③在爬上木筏之前一定要试试木筏能否漂浮，所收集的食品、发信号用具(如哨子、手电筒、鲜艳的床单)、划桨等，这些是必不可少的。在逃生以前，要吃一些含较高热量的食品如巧克力、糖、甜点心等，并喝些热饮料以增强体质。

在离开之前，时间允许的话还要把煤气筏、电源开关等关掉，将贵重物品包好，收藏在楼上的柜子里。出门时最好把房门关好，以免家产随水漂走。

④被水冲走或落水时，首先要保持镇定，尽量抓住水中漂流的木箱、衣柜等物。如果离岸较远，四周又没有其他人或船舶，不要盲目游走，以免体力耗尽。

无论遇到何种情形的危险，都要设法发出求救信号，晃动衣服或树枝、大声呼救等。

⑤洪水过后，要服用预防流行病的药物，做好卫生防疫工作，避免发生传染病。

(3)交通事故中的逃生自救方法

已经发生车祸后要及时采取自救，以保证最佳的救护机会。发生交通事故后，应按照下面的程序自救。

①发生事故后，应马上报警，受伤时应第一时间拨打 120 救护中心。报警和报 120 救护中心时必须详细讲解清楚有关情况，如事故地点、伤员人数、受伤情况等。

②采取紧急的自救措施。若被挤压、夹嵌在事故车辆内时，应尽量想办法脱身，脱不了时应等待救援人员到来，切忌强拖强拉；受到伤害时，就地或附近休息，切忌随处移动身体，以免造成更大的伤害；事故发生后若出血应进行止血处理。应充分利用现场材料如衣服等进行包扎和压迫止血；若伤员有很多的呕吐物，应用手将其头偏向一侧，同时清除口腔内残留物；当伤员心跳、呼吸停止时，在医生未到之前可使用人工胸外按摩以及人工呼吸。

(4)地震灾难的自救逃生方法

避震要点：震时就近躲避，震后迅速撤离到安全地方，是应急避震较好的办法。避震应选择室内结实、能掩护身体的物体下(旁)、易于形成三角空间的地方，开间小、有支撑的地方，地处开阔、安全的地方。

①要躲在坚固的家具下；

②赶紧熄火，关闭火源；

③不要仓皇逃出室外；

④发生火灾立即扑灭；

⑤要徒步避难，尽量少携带东西；

⑥严禁在狭窄的地面、墙根、悬崖或河边停留；

⑦注意山崩和地裂；

⑧在海边要防海啸，在低洼地要防水淹；

⑨不要害怕余震，不要听信谣言；

⑩保持秩序，注意安全。

(5)毒气泄漏场所的逃生自救方法

遇到毒气泄漏时，应该立即报告相关部门。因为对于毒气泄漏的处理是具有特殊要求的，作为一般人员，我们也要了解一些毒气泄漏处理的常识。

①若在毒气泄漏现场，应立即穿戴防护服装，并检查防毒面具是否有

损坏，能否起到防护作用。如果没有佩戴防护服装或防毒面具时（注：这种情况是不允许在有毒品危险的场所工作的），就应该尽快用衣服、帽子、口罩等，保护自己的眼、鼻、口腔，防止毒气摄入。

②当毒气泄漏量很大，而又无法采取措施防止泄漏时，特别是在通风条件差、较密闭的场所，在场人员应迅速逃离毒气泄漏场所。

③不要慌乱、拥挤，要听从指挥，特别是人员较多时，更不能慌乱，也不要大喊大叫，要镇静、沉着，有秩序地撤离。

④撤离时要弄清楚毒气的流向，不可顺着毒气流动的风向走，而要逆向逃离。

⑤逃离泄漏区后，应立即到医院检查，必要时进行排毒治疗。

⑥当毒气泄漏发生时，若没有穿戴防护服，绝不能进入事故现场救人，以避免扩大伤害范围。

附　录

1. 安全小测试

1. 特种作业人员必须按(　　)及有关规定、标准进行培训,经考核合格取得操作证后,方可独立操作。

A.《特种作业人员安全水平考核管理规则》

B.《特种作业人员安全技能考核管理规则》

C.《特种作业人员安全技术考核管理规则》

2. 根据《中华人民共和国矿山安全法》第(　　)条规定:"矿山企业对矿山事故中伤亡的职工按照国家规定给予抚恤或者补偿。"

A. 36　　B. 37　　C. 38

3. 电瓶车在厂区的行驶时速,不得超过(　　)km/h。

A. 10　　B. 15　　C. 20

4. 根据国家规定,凡在坠落高度离基准面(　　)以上有可能坠落的高处进行的作业,均称为高处作业。

A. 2m　　B. 3m　　C. 4m

5. 高空作业的安全措施中,首先需要(　　)。

A. 安全带　　B. 安全网　　C. 合格的工作台

6. (　　)级以上的大风与雷暴雨天,禁止在露天进行悬空作业。

A. 四　　B. 五　　C. 六

7. 下列可能导致锅炉炉管爆炸的原因是(　　)。

A. 24 小时不停使用锅炉　　B. 水质不良

C. 炉渣过多

8. 发现锅炉严重缺水，应(　　)。

A. 立即进水　　B. 严禁进水，采取紧急停炉措施

C. 先进水，如发生异常立即停炉

9. 下列粉尘中具有爆炸性的无机粉尘是(　　)。

A. 面粉　　B. 煤尘　　C. 水泥尘

10. 下列说法错误的是(　　)。

A. 粉尘粒径越大，越易引发尘肺病

B. 粉尘中游离二氧化硅含量越高，越易引发尘肺病

C. 接触粉尘时间越长，越易引发尘肺病

11. 普通纱布口罩能防止有毒气体进入人体吗(　　)。

A. 能　　B. 不能　　C. 部分能

12. 所有机器的危险部分，应(　　)来确保工作安全。

A. 标上机器制造商名牌　　B. 涂上警示颜色

C. 安装合适的安全防护装置

13. 触电事故中，(　　)是导致人身伤亡的主要原因。

A. 人体接受电流伤害　　B. 烧伤

C. 电休克

14. 当通过人体的电流达到(　　)毫安时，对人有致命的危险。

A. 50　　B. 80　　C. 100

15. 家具的油漆和装修材料中的有机物挥发出的(　　)气体对人体有害。

A. 烯、炔　　B. 苯、酚　　C. 醚、醇

16. 市民被困在电梯中应(　　)。

A. 将门扒开脱险　　B. 从电梯顶部脱险　　C. 电话求救或高声呼喊

17. 在雷雨天不要走近高压电杆、铁塔、避雷针，远离至少(　　)米以外。

A. 10　　B. 15　　C. 20

18. 从业人员既是安全生产的保护对象，又是实现安全生产的(　　)。

A. 关键　　B. 保证　　C. 基本要素

19. 锅炉安全阀的检验周期为(　　)。

A. 半年　　B. 1 年　　C. 2 年

20. 工作台、机床上使用的局部照明灯电压不得超过(　　)。

A. 48 伏　　B. 110 伏　　C. 36 伏

21. 慢性苯中毒对人体损害最大的是(　　)。

A. 呼吸系统　　B. 消化系统　　C. 造血系统

22. 噪声级超过(　　)分贝,人的听觉器官易发生急性外伤,致使鼓膜破裂出血。

A. 100　　B. 120　　C. 140

23. 在空气不流通的狭小地方使用二氧化碳灭火器可能造成的危险是(　　)。

A. 中毒　　B. 缺氧　　C. 爆炸

24. 根据作业环境的不同安全帽的颜色也不同,如在爆炸性作业场所工作宜戴 (　　) 安全帽。

A. 红色　　B. 黄色　　C. 白色

25. 扑救可燃气体火灾,应(　　)灭火。

A. 用泡沫灭火器　　B. 用水　　C. 用干粉灭火器

26. 电焊作业时产生的有害气体的主要成分是(　　)。

A. 氮氧化物　　B. 二氧化碳　　C. 氯气

27. 室温高于摄氏(　　)度,相对湿度超过(　　)的作业场所,称为高温作业场所。

A. 30,80%　　B. 35,80%　　C. 30,85%

28. 安全网的网格周边不得大于(　　)。

A. 5 厘米　　B. 10 厘米　　C. 15 厘米

29. 使用消防灭火器灭火时,人的站立位置应是(　　)。

A. 上风口　　B. 下风口　　C. 侧风方向

30. 国家规定一顶安全帽的重量不应超过(　　)克。

A. 400　　B. 500　　C. 600

31. 工地夜间照明线路，灯头的架设高度不得低于(　　)。

A. 2.5 米　　B. 3.5 米　　C. 5 米

32. 职业性安全健康监护体检，一线工人周期为(　　)一次。

A. 3 年　　B. 2 年　　C. 1 年

33. 生活噪声一般在(　　)dB 以下对人没有直接生理危害。

A. 80　　B. 85　　C. 90

34. 严禁烟火的标志是告诉人们(　　)。

A. 已离开危险地区　　B. 正进入危险地区

C. 正进入安全地区

35. 工人在存在噪声危害的环境内工作时，其单位应首先考虑(　　)的方法来改善。

A. 采用工程控制、降低噪声

B. 提供合适的听觉保护器

C. 支付听力测试和诊治的费用

36. 人长时间在(　　)分贝的噪声环境中工作就会导致永久性的听力损伤。

A. 120　　B. 100　　C. 80

37. 人体在电磁场作用下，由于(　　)将使人体受到不同程度的伤害。

A. 电流　　B. 电压　　C. 电磁波辐射

38. 如果有人处于高压电线意外落地的危险区内，下列(　　)种脱离危险区的方法容易发生跨步电压触电。

A. 并拢双足跳　　B. 单足跳　　C. 快步跑出

39. (　　)是保护人身安全的最后一道防线。

A. 个体防护　　B. 隔离　　C. 避难　　D. 救援

40. 易燃易爆场所不能穿(　　)。

A. 纯棉工作服　　B. 化纤工作服　　C. 防静电工作服

41. 安全带的正确挂扣方法是(　　)。

A. 低挂高用　　B. 高挂低用　　C. 平挂平用

42. 特种劳动防护用品实行(　　)制度。

A. 安全标志管理　　B. 登记　　C. 备案

43. 清除工作场所散布的有害尘埃时应使用(　　)。

A. 扫把　　B. 吸尘器　　C. 吹风机

44. 吸入过量的(　　)可引起呼吸系统肿瘤。

A. 石棉尘　　B. 灰尘　　C. 铁粉

45. (　　)可通过皮肤损害人体健康。

A. 汞　　B. 尘土　　C. 碳

答案:

1. C　2. C　3. C　4. A　5. C　6. C　7. B　8. B　9. B　10. A

11. B　12. C　13. A　14. A　15. B　16. C　17. C　18. C　19. B

20. C　21. C　22. C　23. B　24. A　25. C　26. A　27. A　28. B

29. C　30. A　31. A　32. C　33. A　34. B　35. A　36. A　37. C

38. C　39. A　40. B　41. B　42. B　43. B　44. A　45. A

2. 日常安全小常识

一、家用电器使用的防火

家用电器可分为电热式(如电热炉、电烤箱、热水器、电饭锅等)和非电热式(如收音机、电视机、录像机、录音机、电冰箱、洗衣机、空调机等)两大类,使用不当时电热式家用电器发生火灾的频率较高。在使用过程中应注意的防火措施如下:

(一)电热式家用电器的防火

1. 电热炉具防火措施

(1)应买合格产品。(2)使用过程中应有人看护。(3)台面为不燃材料制作,附近不得有可燃物质存放。(4)注意电热炉具的功率和导线型号的匹配。(5)接、插部分保持接触良好并保持干燥。

2. 电热取暖器的防火措施

(1)避免电热器具与周围物品靠得太近。(2)注意接线型号与电器功率的配套。(3)防止高电压或低电压长期运行。(4)防止绝缘体长期受热老化引起短路。(5)设置短路、漏电保护装置。

(二)非电热式家用电器的防火

1. 空调器防火措施

(1)勿使可燃窗帘靠近窗式空调器。(2)电热型空调器关机时牢记切断电热部分电源,需冷却的应坚持冷却两分钟。(3)勿在短时间内连续停、开空调器,停电时勿忘将开关置于“停”的位置。(4)空调器电源线路的安装和连接应符合额定电流不小于5～15安的要求并应设单独的过载保护装置。

2. 电视机防火措施

(1)不宜长时间连续收看,高温季节尤应如此。(2)关闭电视时要同时关闭电源开关切断电源。(3)保证电视机周围通风良好。(4)防止电视机受潮。(5)雷雨天不用室外天线。

3. 电冰箱防火措施

(1)保证电冰箱后部干燥通风。(2)防止压缩机、冷凝器与电源线等接触。(3)勿在电冰箱中储存乙醚等低沸点易燃液体,若需存放时应先将温控器改装机外。(4)勿用水冲洗电冰箱,防止温控电气开关受潮失灵。(5)勿频繁开、关电冰箱,每次停机 5 分钟后方可再开机启动。(6)电源接地线勿与煤气管道相连。

二、电气照明的防火

1. 合理选用灯具类型。例如:户外照明可采用封闭型灯具或有防火灯座的开启型灯具。

2. 应正确安装照明、装饰灯具

(1)灯具与可燃物间距不小于 50 厘米,与地面高度不应低于 2 米,灯泡下方不堆放可燃物。(2)灯具的防护罩严禁用纸、布或其他可燃物遮挡灯具。(3)吊顶上的灯具功率不宜过大且其周围有良好的散热条件。(4)选用质量可靠的低温镇流器,不可将镇流器直接固定在可燃天花板等物体上,其电容与容量必须与灯管一致。

3. 各类照明供电的附件必须符合电流、电压等级要求。

开关应装在相线上,螺口灯座必须接地良好,设施的金属外壳应接地。

4. 合理控制电气照明。照明电流应分别有各自的分支回路。

5. 严格照明电压等级和负载量。照明电压一般采用 220 伏。

三、家庭炉灶及炊事的防火

炉灶的形式可分为液化气炉灶、煤气炉灶、天然气炉灶、煤油炉等。

(一)液化气炉灶防火措施

(1)液化气钢瓶,不得存放在居室,严防高温及日光照射。钢瓶与灶具之间要保持 1 米以上的安全距离,室内不得同时布置其他炉灶(火源),通风条件应保持良好。(2)钢瓶与炉具都不得有漏气现象,可用涂肥皂水试漏,严禁用明火试漏。(3)液化气炉灶点火时,有自动点火装置的可先开气阀,然后采用炉具上的点火开关;对无自动点火装置的,应先开气阀,然后划火柴从侧面接近炉盘火孔,再开启炉具开关。如一次未点着,可先关闭炉具开关,过一会儿再按顺序重新点火。使用完毕,应先关气阀,再关炉具开关。(4)使用炉灶时应有人照看,锅、壶等不宜盛水过满,以免溢出熄灭火焰。(5)钢瓶要防止碰撞、敲打、倾倒或倒置,不得接近火源、热源。钢瓶不得与化学危险物品混放,严禁私自灌气。(6)液化气用完后,用户不得擅自处理瓶内残液。炉灶各部位要经常检查,发现异常问题,应及时处理。

(二)煤气炉灶防火措施

(1)室内煤气管道要使用镀锌钢管,必要时应加保护套,一般应采用明设,如果必须设在地下室、楼梯间或有腐蚀介质的室内,要保证便于检修和采取防腐措施。但煤气炉灶用具不得设在地下室或卧室内。煤气计量表具宜安装在通风良好的地方,严禁安装在卧室、浴室和有化学危险物品与可燃物的地方。(2)灶具与管道的连接胶管最长不得超过2米,两端必须扎牢,用后要将阀门关紧。(3)煤气管线、阀门、计量表具等严禁私自拆卸,需维修或迁移时应由供气单位进行,之后还要通过试压、试漏等检查。(4)各种灶具的制造,必须符合安全要求,并经煤气主管部门认可。在使用时,应严格按照厂家说明书操作程序进行。如一次未点着时,需立即关闭用具开关,稍停片刻再按要求重新点火。(5)发现漏气,应立即关闭开关,采取通风措施,熄灭火源,禁止开、关电气设备,并通知供气部门检修。任何情况下都不准使用明火试漏。

(三)天然气炉灶防火措施

(1)管道最好采用架空或在地面上敷设。管道的专用针型阀门必须完整良好,各部位不得泄漏。(2)用耐油、耐压的夹线胶管与管道相连接时,接口处必须牢固紧密。(3)应设置相应的油水分离器,并定期排放被分离出来的轻质油和水。(4)要经常检查管道,发现漏气时,严禁动用明火或开、关电器开关并打开门窗通风,另外还应立即通知供气部门。(5)使用时突然熄灭应关闭阀门,稍等片刻再重新按要求点火。金属烟筒口距可燃物构件应不小于1米并应装拐脖防止倒风吹熄炉火。(6)供气管道需进行维修时必须先全面停气,停气、送气时应事先通知用户。新安装的管道应经试压、试漏检验合格后方可投入使用。

（四）厨房炊事防火措施

（1）煨、炖、煮各种食品、汤类时应有人看管，汤不宜过满，在沸腾时应降低炉温或打开锅盖以防外溢。（2）火锅在使用时，应远离可燃物，并使用不燃材料制作的桌板。若使用可燃材料桌板时，应在锅底铺设不燃材料制作的垫板。（3）油炸食品时，油不能放得过满，油锅搁置要平稳，人不能离开，油温达到适当温度，应即放入菜肴、食品。遇油锅起火时，特别注意不可向锅内浇水灭火。（4）炉灶排风罩上的油垢要定期清除。

四、生活用火的防火

（一）吸烟防火措施

（1）严禁在禁烟区内吸烟。（2）吸烟时应到安全地带。（3）纠正不良的吸烟习惯，如在床上吸烟。（4）禁止大风天在室外或野外吸烟。

（二）对小孩玩火的防火措施

（1）家长应对孩子加强管教，使他们认识到玩火的危险性，做到不玩火。要把火柴、打火机等放在孩子拿不到的地方，家中的煤气炉灶（液化气炉灶）等不要让孩子随意开启。对孩子模仿大人吸烟的行为要制止，不准孩子在柴草堆旁或野外玩火。室内、可燃建筑、柴草堆等场所禁止孩子燃放烟花、爆竹，更不准孩子摆弄鞭炮中的火药。家长外出时不能将幼孩独自留在家中或反锁在室内，应托人照看。

（2）幼儿园、学校的老师，应对少年儿童进行防火教育，引导他们树立防火观念。组织少年儿童参观消防队表演，观看防火教育影片等。

（3）有关部门和单位也应创造条件，组织开展有益的活动，以减少小孩玩火的机会。

（三）驱蚊

（1）点燃蚊香熏蒸驱蚊时，不能贴近纸张、布料、蚊帐等可燃物。

（2）使用电蚊香驱蚊时，要防止电器短路或恒温发热原件烧毁而引发火灾。

五、雷电的预防措施

1. 安装防雷装置

防雷装置由接闪器、引下线和接地体三部分组成以保证人身及建筑物安全。

2. 防雷装置的检查

(1)对避雷器要进行定期校验。(2)当防雷装置锈蚀达 30%以上时要进行更换。(3)应定期进行预防性试验。(4)测量全部接地装置的接地电阻,应符合安全要求。

六、对静电预防措施

1. 向空气中喷水雾等方法,增强空气导电性能,防止和减少静电的产生与积聚。

2. 经常触摸接地金属器件,消除人体所带静电。少穿化纤衣物和胶底鞋,预防人体产生静电。

3. 身上静电电压较高时,不要接触人,特别是小孩,防止伤人。

七、安全用气“八不”

(1)严禁擅自改动管道煤气设施,若因装修变动,必须向供气单位申请。(2)不准使用未经验审合格的燃气器具。(3)不许将阀门、煤气表、管线密闭安装。(4)不许将煤气设施作为负重支架堆放、悬挂物品。(5)不准用明火检查泄漏。(6)不许将煤气管道作为电器设备的接地导体。(7)不准擅自安装管道煤气热水器等燃气器具。(8)不许将煤气管道穿越卧室、客厅和地下室。

八、煤气使用安全常识

(1)保证通风良好。(2)使用燃具要有人照看。(3)发生煤气灶回火应立即关闭气阀。(4)不得擅自拆、迁、改和遮挡、封闭煤气管道设施。(5)使用煤气管道煤气的燃具不能和其他气体的燃具互相代替。(6)煤气管道内严禁混入空气、液体或其他异物。(7)连结管道煤气燃具的胶管长度不超过 2 米,严禁用胶管过墙或穿门窗用气,禁止用明火检漏。(8)不得在煤气设施上搭挂物品。(9)初次使用管道煤气不能自行点火。(10)当你发现煤气设施泄漏时,请立即通知煤气公司。(11)有煤气或液化气的家庭最好安装可燃气体泄漏报警器。

九、煤气中毒救护

1. 打开门窗通风,将病人脱离中毒环境,给予吸氧或呼吸新鲜空气,注意保暖。中毒轻者在空气新鲜的地方休息 2～3 小时就会好转。

2. 中毒者呼吸暂时停止时应对其进行人工呼吸,有条件时给予注射呼吸兴奋剂。

3. 中、重度中毒病人在进行其他措施的急救后,应及早送到有条件的医院做高压氧舱治疗以挽救生命。

专家提醒,家庭最好安装可燃气体泄漏报警器,当煤气或液化气泄漏时,可以及早采取避险措施。

十、影剧院火灾的逃生方法

影剧院里发生火灾后,应按照应急指示指引的方向选择安全出口逃生,选择人流量较小的疏散通道撤离。

(1)发生火灾时楼上的观众可从疏散门由楼梯向外疏散,楼梯如果被烟雾阻隔,在火势不大时,可以从火中冲出去,虽然人可能会受点伤,但可避免生命危险。此外,还可就地取材,利用窗帘布等自制救生器材,开辟疏散通道。(2)疏散人员要听从工作人员的指挥,切忌互相拥挤,乱跑乱窜,堵塞疏散通道,影响疏散速度。(3)疏散时,人员要尽量靠近承重墙行走,以防坠物砸伤。人员不要在剧场中央停留。(4)若烟气较大时,宜弯腰行走或匍匐前进。

十一、商场(集贸市场)火灾的逃生方法

1. 利用疏散通道逃生:发生火灾的初期阶段是逃生的最佳时期。在下楼梯时应抓住扶手,以免被人群撞倒,不要乘坐普通电梯逃生。

2. 自制器材逃生:可利用商场商品如毛巾、口罩浸湿后制成防烟工具捂住口、鼻,利用绳索、布匹、床单、地毯、窗帘来开辟逃生通道;如果商场(集贸市场)还经营五金等商品,还可以利用各种机用皮带、消防水带、电缆线来开辟逃生通道;穿戴商场(集贸市场)经营的各种劳动保护用品,如安全帽、摩托车头盔、工作服等可以避免烧伤和坠落物体的砸伤。

3. 利用建筑物逃生:可利用落水管、房屋内外的突出部分和各种门、窗以及建筑物的避雷网(线)进行逃生,或转移到安全区域再寻找机会逃生,但要大胆、细心。老、弱、病,妇、幼等人员,切不可盲目行事,否则容易发生伤亡。

4. 寻找避难处所:在无路可逃的情况下应积极寻找避难处所。如到室外阳台、楼房平顶等等待救援;选择火势、烟雾难以蔓延的房间关好门窗,堵塞间隙,房间如有水源,要立刻将门、窗和各种可燃物浇湿,以阻止或减缓火势和烟雾的蔓延时间。无论白天或晚上,被困者都应大声呼救,不断发出各种呼救信号,以引起救援人员的注意,帮助自己脱离困境。

十二、高楼逃生

高楼发生火灾,如何逃生自救呢?一般做法是用湿毛巾、口罩蒙鼻。在烟雾浓烈时,应该尽量贴近地面爬行撤离。要离房间开门时,先用手背接触房间门,看是否发热。如果门已经热了,则不能打开,否则烟和火会冲进房间;如果门不热,火势可能不大,离开房间以后,一定要随手关门。一般建筑物都会有两条以上的逃生楼梯,高层着火时要尽量往下面跑。即使楼梯被火焰封住,也要用湿棉被等物作掩护迅速冲出去。不乘电梯,千万不要乘普通的电梯逃生。高层建筑的供电系统在火灾时随时会断电,乘普通的电梯就会被关在里面,直接威胁到人的生命。尽量暴露,暂时无法逃避时,不要藏到顶楼或者壁橱等地方。应该尽量待在阳台、窗口等易被人发现的地方。身上一旦着火,而手边又没有水或灭火器时,千万不要跑或用手拍打,必须立即设法脱掉衣服,或者就地打滚,压灭火苗。靠墙躲避,消防人员进入室内时,都是沿墙壁摸索进行的,所以当被烟气窒息失去自救能力时,应努力滚向墙边或者门口。